高职高专电子信息类专业"十二五"课改规划教材

光纤传感器及其应用

张 森 编著

西安电子科技大学出版社

内 容 简 介

本书是根据光纤生产与应用、仪表与传感器等相关生产企业的人才培养要求设立的高职院校一门新课程的教材。全书根据生产实际划分为 7 个学习情境：光纤基本知识、强度调制型光纤传感器及其应用、频率调制型光纤传感器及其应用、相位调制型光纤传感器及其应用、偏振态调制型光纤传感器及其应用、波长调制型光纤传感器及其应用、非功能型光纤传感器补偿原理与技术，重点阐述强度调制型光纤传感器及其应用。通过本书的学习，可让学生在完成每一个项目的过程中获取技能经验和理论知识，在完成数个项目的基础上，再拓展相关技术理论知识，最后以技术理论知识指导每个学习情境中相关实训项目的完成。

本书可作为高职院校光电子技术、光信息科学与技术、仪器与测量技术、光机电一体化等专业的教材，也可作为光纤传感器企业工程师及相关技术人员的培训指导手册。

图书在版编目（CIP）数据

光纤传感器及其应用/张森编著. —西安：西安电子科技大学出版社，2011.9
高职高专电子信息类专业"十二五"课改规划教材
ISBN 978 - 7 - 5606 - 2669 - 7

Ⅰ. ① 光… Ⅱ. ① 张… Ⅲ. ① 光纤传感器—高等职业教育—教材
Ⅳ. ① TP212.14

中国版本图书馆 CIP 数据核字（2011）第 176091 号

策　　划　邵汉平
责任编辑　邵汉平
出版发行　西安电子科技大学出版社（西安市太白南路 2 号）
电　　话　(029)88242885　88201467　　邮　编　710071
网　　址　www.xduph.com　　　　　电子邮箱　xdupfxb001@163.com
经　　销　新华书店
印刷单位　陕西光大印务有限责任公司
版　　次　2011 年 9 月第 1 版　2011 年 9 月第 1 次印刷
开　　本　787 毫米×1092 毫米　1/16　印张 10.5
字　　数　243 千字
印　　数　1～3000 册
定　　价　17.00 元

ISBN 978 - 7 - 5606 - 2669 - 7/TP · 1301

XDUP　2961001—1

前　言

在国际上，光纤传感器兴起于 20 世纪 70 年代末；在国内，20 世纪 90 年代初期开始研究光纤传感器。光纤传感器本身不带电、体积小、质量轻、易弯曲、抗电磁干扰及抗辐射性能好、耐腐蚀、灵敏度高、便于复用与成网，特别适合于易燃、易爆、空间受严格限制、水下及强电磁干扰等恶劣环境下使用。因此，光纤传感器作为一种新型传感器一问世就受到极大重视，几乎在各个领域都得到研究与应用，推动着传感技术的蓬勃发展。希望本书的出版能让光纤传感器的相关知识进入高职院校及生产一线，实现学校与生产应用型企业的无缝衔接。

本书是根据光纤生产与应用、仪表与传感器等相关生产企业的人才培养要求设立的高职院校一门新课程的教材。本书的编写采用了项目式教学方式，通过完成一个个项目来实现教、学、做一体化，以培养学生光、机、电、软件一体化能力；同时注重培养学生的光纤传感技术的创新设计与应用能力，为他们以后考取中级、高级职业资格证书做准备，也为今后的顶岗实习、毕业设计和可持续职业发展打下基础。

本书充分体现了项目式教学特点，以测量对象为载体，展现高职教育教、学、做一体化特色。全书精心设计了七个学习情境模块，分别是光纤基本知识、强度调制型光纤传感器及其应用、频率调制型光纤传感器及其应用、相位调制型光纤传感器及其应用、偏振态调制型光纤传感器及其应用、波长调制型光纤传感器及其应用、非功能型光纤传感器补偿原理与技术。考虑到强度调制型光纤传感器应用广泛、技术成熟、成本低的特点，以及教材使用对象为高职学生，本书重点阐述强度调制型光纤传感器及其应用。

本书的编写得到了武汉发博科技有限公司的大力支持。全书由张森（zs51882003@163.com）定稿。希望本书能够对光纤传感技术的发展贡献微薄之力。

本书可作为高职院校光电子技术、光信息科学与技术、仪器与测量技术、光机电一体化等专业的教材，也可作为光纤传感器企业工程师及相关技术人员的培训指导手册。

由于作者水平有限，书中不足之处在所难免，恳请广大读者批评指正。

编　者

2011 年 5 月于武汉

目　　录

学习情境一

光纤基本知识

1.1　学 习 目 标

★ 了解光纤的基本特性；
★ 了解光纤传感器的结构原理、分类及特点。

1.2　学 习 内 容

1.2.1　光纤的基本特性

1. 光纤的结构和导光原理

光是一种电磁波，一般采用波动理论来分析导光的基本原理。然而光学理论指出：在尺寸远大于波长而折射率变化缓慢的空间，可以用"光线"即几何光学的方法来分析光波的传播现象，这对于光纤中的多模光纤是完全适用的。为此，本书采用几何光学的方法来分析导光的基本原理。

1) 斯乃尔定理（Snell's Law）

斯乃尔定理：当光由光密物质（折射率大的物质 n_1）进入光疏物质（折射率小的物质 n_2）时，一般既发生反射，也发生折射，且折射角 θ_r 大于入射角 θ_i。n_2、n_1、θ_r、θ_i 满足以下关系：

$$n_1 \sin\theta_i = n_2 \sin\theta_r \tag{1-1}$$

可见，入射角 θ_i 增大时，折射角 θ_r 也增大，具体关系如图 1-1 所示。

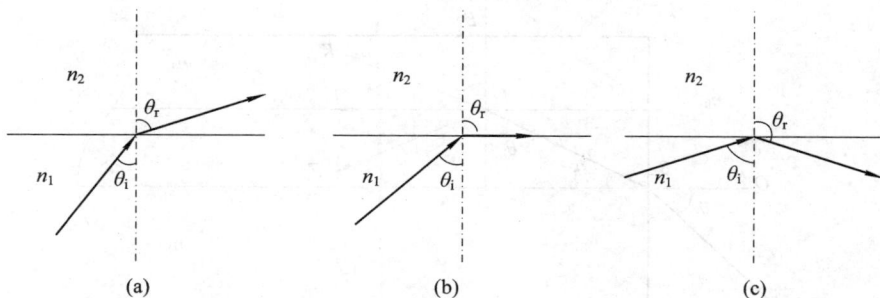

图 1-1　光的折射、临界、全反射状态示意图

（a）当 θ_r 大于 θ_i 且小于 90°时（如图 1-1(a)所示），由公式（1-1）得到：

$$\theta_i = \arcsin \frac{n_2 \sin\theta_r}{n_1} \tag{1-2}$$

（b）当 θ_r 等于 90°时（如图 1-1(b)所示），处于全反射临界状态，此时 $\theta_i = \theta_{i0}$（θ_{i0} 为全反射临界角），由公式（1-2）得到：

$$\theta_i = \arcsin \frac{n_2}{n_1} = \theta_{i0} \tag{1-3}$$

（c）当发生全反射时（如图 1-1(c)所示），$\theta_i > \theta_{i0}$。

2）光纤结构

分析光纤导光原理时，除了应用斯乃尔定理外，还需结合光纤结构来说明。光纤呈圆柱形，它由玻璃纤维芯（纤芯）和玻璃包皮（包层）两个同心圆柱的双层结构组成，如图 1-2 所示。

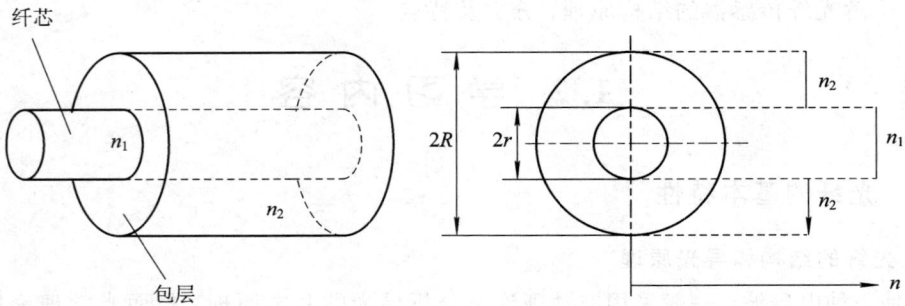

图 1-2　光纤结构示意图

纤芯位于光纤的中心部位，光主要在这里传输。纤芯折射率 n_1 比包层折射率 n_2 稍大些，两层之间形成了良好的光学界面，光线在这个界面上反射传播。

3）光纤导光原理及数值孔径 NA

如图 1-3 所示，入射光线 AB 与纤维轴线 OO' 相交角为 θ_i，光线入射后折射（折射角为 θ_j）至纤芯与包层界面 C 点，与 C 点界面法线 DE 成 θ_k 角，并由界面折射至包层，CK 与 DE 的夹角为 θ_r。

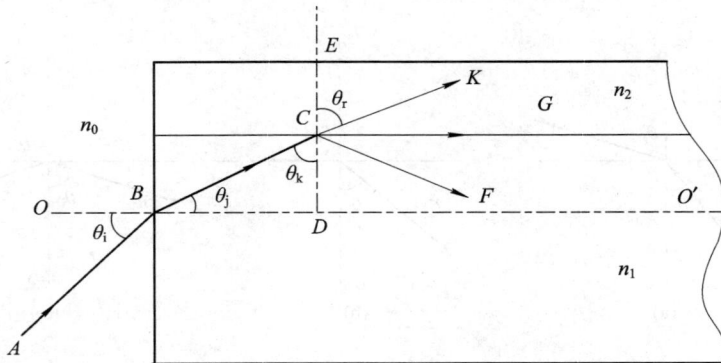

图 1-3　光纤导光示意图

由折射定律可知：

$$n_0 \sin\theta_i = n_1 \sin\theta_j \tag{1-4}$$

$$n_2 \sin\theta_r = n_1 \sin\theta_k \tag{1-5}$$

由式(1-4)可知

$$\sin\theta_i = \frac{n_1}{n_0}\sin\theta_j \tag{1-6}$$

将 $\theta_j = 90° - \theta_k$ 代入式(1-6)，得

$$\sin\theta_i = \frac{n_1}{n_0}\sqrt{1-\sin^2\theta_k} \tag{1-7}$$

将式(1-5)代入式(1-7)，得

$$\sin\theta_i = \frac{1}{n_0}\sqrt{n_1^2 - n_2^2\sin^2\theta_r} \tag{1-8}$$

n_0 为入射光线 AB 所在空间的折射率，一般皆为空气，故 $n_0 \approx 1$，则

$$\sin\theta_i = \sqrt{n_1^2 - n_2^2\sin^2\theta_r} \tag{1-9}$$

在 $\theta_r = 90°$ 的临界状态下，入射角的临界角 θ_{i0} 为

$$\sin\theta_{i0} = \sqrt{n_1^2 - n_2^2} \tag{1-10}$$

光纤数值孔径(Numerical Aperture，NA)定义为此时的 $\sin\theta_{i0}$，即

$$NA = \sin\theta_{i0} \approx n_1\sqrt{2\Delta} \tag{1-11}$$

式中，Δ——相对折射率差，$\Delta = (n_1 - n_2)/n_1$。其中，arcsin NA 是一个临界角：

① 当 $\theta_i >$ arcsin NA 时，光线进入光纤后基本在包层消失。

② 当 $\theta_i <$ arcsin NA 时，光线进入光纤后在纤芯内以全反射方式传播。

2. 光纤的主要参数

1) 数值孔径(NA)

由式(1-11)可知：

$$NA = \sin\theta_{i0} = \sqrt{n_1^2 - n_2^2} \tag{1-12}$$

光纤数值孔径 NA 的大小反映光纤接收外界光能力的大小，也反映了光纤出射光强的大小；无论光源发射功率有多大，只有 $2\theta_{i0}$ 张角之内的光功率才能被光纤接收传播。数值孔径 NA 较大，有利于耦合效率的提高；但数值孔径太大时，光信号的畸变会加重。

2) 光纤传播模式

光纤传播模式指光波沿光导纤维传播的途径和方式。在光导纤维中，很多传播模式对信息的传输是不利的，可导致合成信号的畸变。因此，我们希望模式数量越少越好。

阶跃型的圆筒波导内传播模式表示为

$$V = \frac{\pi d(n_1^2 - n_2^2)^{1/2}}{\lambda} \tag{1-13}$$

式中：V——光纤内传播模式数量；

　　　d——纤芯直径；

　　　n_1——纤芯折射率；

　　　n_2——光纤包层折射率；

λ——纤芯内传输光的波长。

若希望传播模式 V 小，则 d 不能太大，且 n_2 与 n_1 之差应很小。

3）传播损耗

损耗原因：光纤纤芯材料的吸收、散射，光纤弯曲处的辐射损耗等的影响。

传播损耗为

$$A = al = 10 \lg \frac{I_0}{I} \quad (\text{dB}) \tag{1-14}$$

式中：l——光纤长度；

a——单位长度的衰减；

I_0——光导纤维输入端的光强；

I——光导纤维输出端的光强。

3. 光纤的分类

1）根据光纤传输模式数目分类

根据光纤传输的模式数目，可将光纤分为单模光纤和多模光纤。单模光纤只能传输一种模式，但这种模式可以按两种相互正交的偏振状态出现。多模光纤能传输多种模式，甚至几百到几千个模式。

归一化频率 ν 是一个与光波频率和光纤结构参数有关的参量，通常用它表示光纤所传导的模式数。其定义如下：

$$\nu = ka \cdot \text{NA} = ka \cdot \sqrt{n_1^2 - n_2^2} = n_1 ka \sqrt{2\Delta} \tag{1-15}$$

式中：k——平面波在自由空间中的传播常数或波数，定义为 $k = 2\pi/\lambda$；

λ——传导光在自由空间的波长；

a——光纤的半径；

NA——光纤的数值孔径；

n_1——纤芯折射率的最大值；

n_2——包层折射率；

Δ——相对折射率差，$\Delta = (n_1 - n_2)/n_1$。

光纤能传导的模式数 N 可用下式计算：

$$N = \frac{g}{2(g+2)} \cdot \nu^2 = (n_1 ka)^2 \cdot \Delta \cdot \frac{g}{g+2} \tag{1-16}$$

式中，g 是光纤断面折射率分布指数，它决定光纤折射率沿径向分布的规律。

由于单模光纤和多模光纤能传输的模式数不同，故它们的传输特性有很大区别，主要区别在于多模光纤的衰减和色散（或带宽）更复杂一些。

2）根据纤芯径向的折射率分布分类

根据纤芯径向的折射率分布不同，光纤又可分为阶跃折射率光纤和渐变折射率光纤。通常，单模光纤多半是阶跃折射率分布，多模光纤既有阶跃折射率分布的，也有渐变折射率分布的。阶跃折射率多模光纤的特点是纤芯的折射率固定不变。渐变折射率多模光纤的特点是纤芯折射率沿径向逐渐减小。

折射率沿径向的分布一般可表示为

$$n(r) = \begin{cases} n_1 \left[1 - 2\Delta \left(\dfrac{r}{a} \right)^g \right]^{1/2}, & 0 \leqslant r \leqslant a \\ n_1 (1 - 2\Delta)^{1/2}, & r \geqslant a \end{cases} \tag{1-17}$$

式中：r 是径向坐标；g 是折射率分布指数，$g=2$ 和 $g=\infty$ 分别表示抛物线分布和阶跃分布。

当 $g=2$ 时，这种光纤能使点光源发射的光线周期性地聚焦。对于传输来说，这种光纤的主要优点是模式色散小。如果仅考虑轴向模（子午光线），则几乎所有模在光纤中的群速度都相同。但是，如果同时考虑斜向模（斜光线）的话，则只有在 g 非常接近于 2 时，才能使模式色散减小到令人满意的程度。若渐变折射率光纤的 Δ 等于阶跃折射率光纤的 Δ，则抛物线分布的渐变折射率光纤能传输的模数仅为阶跃折射率光纤的一半。显然，在多模光纤中传输的模式越少，最终其输出端的脉冲展宽也越小，即模式色散越小。

由式（1-15）可知，减小芯径或减小纤芯和包层间的相对折射率之差都可以减小光纤的归一化频率。随着归一化频率的减小，传输的模数也逐渐变少。当光纤中的传输模数只有 1 个时，得到光纤归一化截止频率 ν_c 为

$$\nu_c = 2.405 \left(1 + \frac{2}{g} \right)^{1/2} \tag{1-18}$$

光纤中传输模式数只有 1 个的模式称之为基模 HE_{11}，这种光纤称为单模光纤。一般单模光纤均是纤芯光学尺寸极小（直径仅为几微米）的阶跃光纤。

实际设计和使用的光纤，其性能也各不相同。单模光纤频带极宽，而渐变折射率光纤的信息容量较大，且处理方便。当需要从光源处收集尽可能多的光能时，使用粗芯阶跃折射率多模光纤比较合适。因此，通常在短距离、低数据率通信系统中使用多模阶跃光纤；在长距离、高数据率通信系统中使用单模光纤或渐变折射率多模光纤。在光纤传感应用中，光强度调制型或传光型光纤传感器大多采用多模（阶跃或渐变折射率）光纤；相位调制型和偏振态调制型光纤传感器大多采用单模光纤甚至特种光纤，例如，满足特殊要求的保偏光纤、低双折射光纤、高双折射光纤等。

4. 光纤的特性

光纤的特性主要包括传输特性（或称光学特性）、物理特性、化学特性和几何特性等。

1）传输特性

光纤的衰减（或损耗）和色散（或带宽）是描述光纤传输特性的两个重要参量。衰减是描述光纤使光能在传输过程中沿着波导逐渐减小或消失的特性。在给定信号和工作条件下，即给定发射机输出功率和检测器灵敏度时，光纤的衰减决定信号无失真传输通路的最大距离。色散限制了光纤传输频率的上限，色散引起的脉冲展宽限制了脉冲调制或数据传输系统中给定长度光纤的最高脉冲或数据传输速度。

2）物理特性

光纤的物理特性包括机械性能、热性能和电绝缘性能等。

（1）机械性能。光纤的机械性能包括弯曲性、抗拉强度和硬度。

① 弯曲性。光纤遵循胡克定律，在弹性范围内，光纤受到外力发生弯曲时，芯轴内部分受到压缩作用，芯轴外部分受到拉伸作用。外力消失后，由于弹性作用，光纤能自动恢复原状。但是，当弯曲半径小于所容许的曲率半径时，光纤将会被折断。

光纤的弯曲性与光纤的机械强度有关。机械强度取决于材料的纯度、分子结构状态及缺陷等。因而，严格的制作工艺是提高机械强度的主要保证。

光纤弯曲时所受的应力可用下式表示：

$$\sigma = \frac{aE}{R} \qquad\qquad (1-19)$$

式中：σ 为应力；E 为杨氏模量；R 为弯曲的曲率半径；a 为纤芯半径。

② 抗拉强度。光纤的抗拉强度 F 由如下经验公式计算：

$$F = \frac{157.2 \times (111.8 + 2a)}{1525 + 2a} \qquad\qquad (1-20)$$

式中：a 为纤芯半径，单位为 μm；F 的单位为 MPa。

③ 硬度。石英玻璃的硬度通常用克氏硬度来表示。克氏硬度的测试方法是用金刚石四方锤在研磨过的试件表面上压出印痕，根据加压值与四方印痕的对角线长度可得到试件材料的克氏硬度值 HK，即

$$HK = \frac{14.23p}{L^2} \qquad\qquad (1-21)$$

式中：p 为加压值；L 为印痕的对角线长度。

金刚石的克氏硬度范围为 5500～6950，玻璃的克氏硬度范围为 350～650。

（2）热性能。光纤的热性能包括耐热性能和热膨胀系数。

① 耐热性能。随着光纤波导介质材料的不同，其熔化温度也不同。一般光纤在 500℃以下的温度环境中使用没有问题，而纯石英光纤的耐热温度可高达 1000℃。

光纤能否在低温环境下使用，通常取决于包层材料在低温下的可绕性。在一般条件下，光纤使用的温度可低至 -40℃，具体还要看包层材料的低温性能。

光纤耐热性能的好坏直接影响光纤温度传感的品质，对于光纤的其它传感应用也影响很大。

② 热膨胀系数。光纤的热膨胀系数是一个重要的物理参数，尤其在光纤传感应用中，它关系到光纤对被测物理量的敏感性能的好坏。根据被测参数的不同，对光纤热膨胀系数的要求不同。例如，测量温度时，要求光纤有较高的热膨胀系数，以取得良好的灵敏度；在测量压力及其它物理量时，则要求光纤具有尽可能好的热稳定性，即有最小的热膨胀系数，这是传感用光纤与其它应用光纤的最大不同之处。

（3）电绝缘性能。作为传感应用的光纤，在许多场合要求有良好的电绝缘性能。例如，在测量高压输电线电流强度的法拉第传感器中，光纤必须有良好的电绝缘性。石英玻璃的电阻率为 1×10^8 $\Omega \cdot$ cm，一般玻璃材料的电阻率为 $1 \times 10^{10} \sim 1 \times 10^3$ $\Omega \cdot$ cm。因此，石英光纤能承受几十千伏至几十万伏的高压，特别适合于在高强电磁场区应用。

3）化学特性

一般玻璃的化学性质比较稳定。石英玻璃光纤的化学性能与玻璃基本相同。

（1）耐水性。光纤有时需要浸泡在水中工作，因而要求有良好的耐水性。对于玻璃材料光纤，由于其表面积较大，容易吸潮，纤维受到浸蚀后会造成透光性和机械强度下降。光纤表面的老化情况与包层材料有关。因此，如果需要提高耐水性，则可用硅防水剂加以处理。

（2）耐酸性。玻璃的耐酸能力和耐碱能力都较差，几乎所有的玻璃在氢氟酸中都会溶解。

4）几何特性

光纤的几何特性是指其结构的几何形状和尺寸，它直接影响光纤的光学传输特性。光纤几何形状的标准化对得到最小的耦合损耗是非常重要的。标准规定，光纤为圆对称结构，因此，表征光纤几何特性的参数是纤芯直径、包层直径、纤芯不圆度、包层不圆度和纤芯与包层的同心度误差。此外，光纤横断面的折射率分布和最大理论数值孔径也是决定光纤光学特性的两个重要参数。

5．光纤的损耗

光纤的损耗机理如图1－4所示。

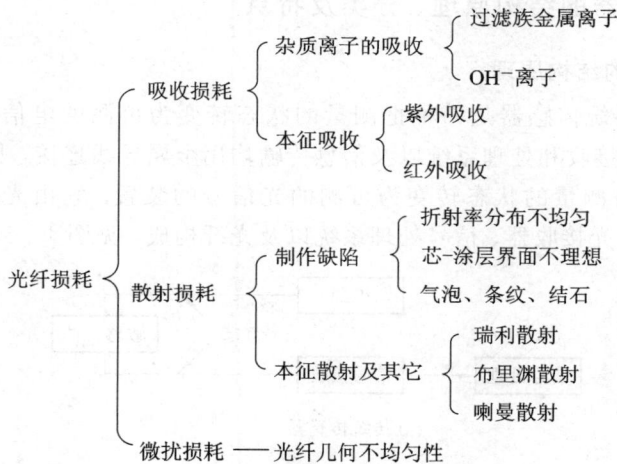

图 1－4　光纤的损耗机理

从图1－4可知，光纤的损耗主要由材料的吸收损耗、散射损耗和微扰损耗确定。吸收损耗是由光纤材料吸收光能并转化为其它形式能量引起的。因此，在吸收损耗中存在能量转换。散射损耗是由光纤中存在微小颗粒和气孔等结构不均匀性引起的。这种损耗改变部分功率流的传输方向，使在传输方向上的功率流减小，但没有能量转换。微扰损耗是指外部扰动因素（如直径均匀性、微弯曲、套层辐射、端面反射）引起的且有可能消除的损耗。这种损耗也不存在能量的转换，它的产生随机性较大，也较容易改善，且各种因素引起的损耗方式也不同，因此统称为微扰损耗。

6．光纤的色散

光纤色散是指输入光脉冲在光纤中传输时由于各波长光波的群速度不同而引起光脉冲展宽的现象。光纤色散的存在可使传输的信号脉冲发生畸变，从而限制了光纤的传输带宽。

光纤色散可分为三种：① 材料色散；② 波导色散；③ 模间色散。

前两种色散通常均称为模内色散，模内色散都直接与频率有关。除理想的单色光源外，任何实际光源的谱宽都是有限小的，总存在一定的波长范围，即光源谱宽不为零。由于各单一波长分量的光信号到达探测器的群延时有差异，故各信号分量叠加的结果将使光脉冲展宽。光源的谱宽越宽，各信号分量的群延时越大，因而光脉冲展宽的程度越严重。

在经典光学中，色散是用折射率对波长的一阶导数来表示的，它反映了折射率随波长变化快慢的程度。对光纤来说，情况比其他光学介质复杂得多，因此不能像均匀介质那样来评定色散的程度，只能借助某种带有平均概念的量来表示，即用单位长度单位波长间隔内的平均群延时来表示。

若在波长 λ 下单位长度的群延时为 $\tau(\lambda)$，则色散的程度可用色散系数 σ 来评定，其定义为单位波长间隔内各频率成分通过单位长度光纤时所产生的时延差，即

$$\sigma = \frac{d\tau(\lambda)}{d\lambda} \quad [ps/(km \cdot nm)] \tag{1-22}$$

这里假设色散程度与光纤长度成正比。因此，只要知道长度和光纤的色散系数，便可算出整个长度光纤的色散值。

1.2.2 光纤传感器的结构原理、分类及特点

1. 光纤传感器的结构原理

以电为基础的传统传感器是一种把测量的状态转变为可测的电信号的装置。它的电源、敏感元件、信号接收和处理系统以及信息传输均用金属导线连接，见图 1-5(a)。光纤传感器则是一种把被测量的状态转变为可测的光信号的装置。它由光发送器、敏感元件（光纤或非光纤的）、光接收器、信号处理系统以及光纤构成，见图 1-5(b)。

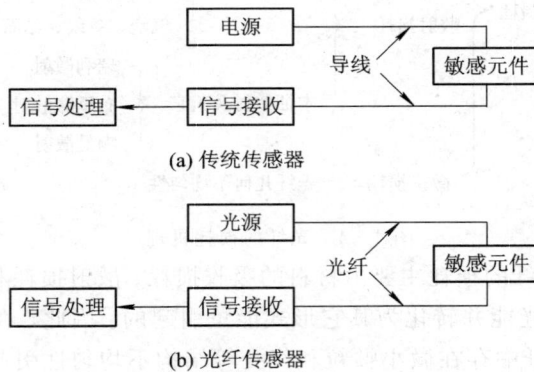

图 1-5 光纤传感器的结构原理

由光源发出的光经光纤引导至敏感元件，这时，光的某一性质受到被测量的调制，已调光经接收光纤耦合到光接收器，使光信号变为电信号；最后经信号处理得到所期待的被测量。

可见，光纤传感器与以电为基础的传统传感器相比较，在测量原理上有本质的差别。传统传感器以机—电测量为基础，而光纤传感器则以光学测量为基础。

光是一种电磁波，其波长可从极远红外线的 1 mm 到极远紫外线的 10 nm。它的物理作用和生物化学作用主要是由其中的电场而引起。因此，讨论光的敏感测量时必须考虑光的电矢量 E 的振动，即

$$E = A\sin(\omega t + \varphi) \tag{1-23}$$

式中：A——电场 E 的振幅矢量；

ω——光波的振动频率；

φ——光相位；

t——光的传播时间。

可见，只要使光的强度、偏振态、频率和相位等参量之一随被测量状态的变化而变化，或受被测量调制，那么，通过对光的强度调制、偏振调制、频率调制或相位调制等进行解调，便可获得所需被测量的信息。

2. 光纤传感器的分类

光纤传感器的类型见表 1-1。

表 1-1　光纤传感器的类型

传感器		光学现象	被测量	光纤	分类
干涉型	相位调制光纤传感器	干涉（磁致伸缩）	电流、磁场	SM、PM	a
		干涉（电致伸缩）	电场、电压	SM、PM	a
		Sagnac 效应	角速度	SM、PM	a
		光弹效应	振动、压力、加速度、位移	SM、PM	a
		干涉	温度	SM、PM	a
非干涉型	强度调制光纤温度传感器	遮光板遮断光路	温度、振动、压力、加速度、位移	MM	b
		半导体透射率的变化	温度	MM	b
		荧光辐射、黑体辐射	温度	MM	b
		光纤微弯损耗	振动、压力、加速度、位移	μM	b
		振动膜或液晶的反射	振动、压力、位移	MM	b
		气体分子吸收	气体浓度	MM	b
		光纤漏泄膜	液位	MM	b
	偏振调制光纤温度传感器	法拉第效应	电流、磁场	SM	b,a
		泡克尔斯效应	电场、电压	MM	b
		双折射效应	温度	SM	b
		光弹效应	振动、压力、加速度、位移	MM	b
	频率调制光纤温度传感器	多普勒效应	速度、流速、振动、加速度	MM	c
		受激喇曼散射	气体浓度	MM	b
		光致发光	温度	MM	b

注：MM—多模；SM—单模；PM—偏振保持；a、b、c 分别为功能型、非功能型、拾光型。

1）根据光纤在传感器中的作用进行分类

根据光纤在传感器中的作用，光纤传感器可分为功能型、非功能型和拾光型三大类。

（1）功能型（全光纤型）光纤传感器：利用对外界信息具有敏感能力和检测能力的光纤（或特殊光纤）作传感元件，将"传"和"感"合为一体的传感器。光纤不仅起传光作用，而且还可利用光纤在外界因素（弯曲、相变）的作用下其光学特性（光强、相位、偏振态等）的变化来实现"传"和"感"的功能。因此，传感器中的光纤是连续的。由于光纤连续，故增加其长度可提高灵敏度。功能型光纤传感器的结构原理如图1-6所示。

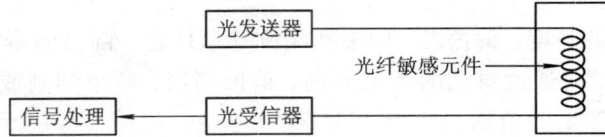

图 1-6　功能型光纤传感器

（2）非功能型（或称传光型）光纤传感器：光纤仅起导光作用，只"传"不"感"，对外界信息的"感觉"功能依靠其他物理性质的功能元件来完成，光纤不连续。此类光纤传感器无需特殊光纤及其他特殊技术，比较容易实现，成本低。但其灵敏度也较低，用于对灵敏度要求不太高的场合。非功能型光纤传感器的结构原理如图1-7所示。

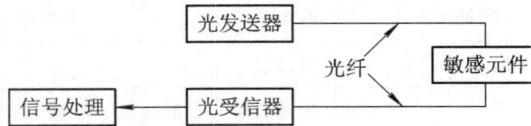

图 1-7　非功能型光纤传感器

（3）拾光型光纤传感器：用光纤作为探头，接收由被测对象辐射的光或被其反射、散射的光。其典型例子如光纤激光多普勒速度计、辐射式光纤温度传感器等。拾光型光纤传感器的结构原理如图1-8所示。

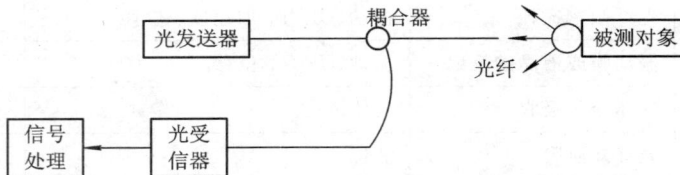

图 1-8　拾光型光纤传感器

2）根据光受被测对象的调制形式进行分类

根据光受被测对象的调制形式，光纤传感器可分为强度调制、偏振调制、频率调制、相位调制光纤传感器。

（1）强度调制光纤传感器：是一种利用被测对象的变化引起敏感元件的折射率、吸收或反射等参数的变化，而导致光强度变化来实现敏感测量的传感器。常见的有利用光纤的微弯损耗、反射面改变导致光纤接收到的反射光强度的变化、各种粒子散射导致光纤接收光强变化等原理构成的测量压力、振动、温度、位移等的各种强度调制光纤传感器。

强度调制光纤传感器的优点是结构简单，容易实现，成本低；缺点是受光源强度波动和连接器损耗变化等影响较大。

（2）偏振调制光纤传感器：是一种利用光偏振态变化来测量被测对象信息的光纤传感器。常见的有利用光纤在强磁场中传播的法拉第效应做成的光纤电流（磁场）传感器，利用光纤在电场中的泡克尔效应做成的光纤电场（电压）传感器，利用光纤的光弹效应构成的光纤压力（振动或声）传感器，以及利用光纤的双折射效应构成的光纤温度（压力）传感器等。这类光纤传感器具有很高的灵敏度。

（3）频率调制光纤传感器：是一种利用单色光射到被测物体上反射回来的光的频率发生变化来进行测量的光纤传感器。典型应用为利用运动物体反射光和散射光的多普勒效应的光纤速度、流速、振动、压力、加速度传感器。

（4）相位调制传感器：其基本原理是利用被测对象对光纤的作用，使光纤的折射率或传播常数发生变化，导致光纤中传输光的相位发生变化，使两根光纤中的出射光产生干涉，且产生的干涉条纹发生变化，通过检测干涉条纹的变化量来确定光的相位变化量，从而得到被测对象的信息。通常有迈克尔逊干涉式光纤传感器、马赫-曾德尔干涉式光纤传感器、赛格纳克干涉式光纤传感器、陀螺等相位调制型光纤传感器。这类传感器的灵敏度很高，但由于须用特殊光纤及高精度检测系统，因此成本高。

3. 光纤传感器的特点

与传统的传感器相比，光纤传感器的主要特点是：

（1）抗电磁干扰，电绝缘，耐腐蚀，本质安全。由于光纤传感器是利用光波传输信息的，而光纤又是电绝缘、耐腐蚀的传输媒质，因而不怕强电磁干扰，也不影响外界的电磁场，本质安全可靠。这使得它在各种大型机电、石油化工、冶金高压、强电磁干扰、易燃、易爆、强腐蚀环境中能安全而有效地使用。

（2）灵敏度高。利用长光纤和光波干涉技术使不少光纤传感器的灵敏度优于一般的传感器。其中有的已由理论和实验验证，如测量水声、加速度、辐射、温度、磁场等物理量的光纤传感器。

（3）重量轻，体积小，外形可变。

（4）测量对象广泛。

目前已有性能不同的测量温度、压力、位移、速度、加速度、液面、流量、振动、水声、电流、电场、磁场、电压、杂质含量、液体浓度、核辐射等各种物理量、化学量的光纤传感器在现场使用。

（5）被测介质影响小。

（6）便于复用，便于成网。

（7）成本低。

习　题

（1）试说明光纤数值孔径（NA）的含义及意义。

（2）试说明光纤模式的含义及特点，并比较单模光纤和多模光纤的区别。

（3）引起光纤损耗的因素有哪些？如何减小光纤中的损耗？

（4）影响单模光纤色散的因素有哪些？如何减小单模光纤中的色散？

（5）常见光纤传感器的类型有哪些？其与传统传感器相比有何特点？

学习情境二
强度调制型光纤传感器及其应用

任务一　光纤一维位移传感器

学习目标

★ 掌握一维位移传感器(也称反射式光纤传感器)的原理；
★ 掌握反射式光纤传感器系统结构组成；
★ 掌握反射式光纤传感器探头的设计与制作；
★ 了解反射式光纤传感器的相关应用；
★ 掌握相关实验实训。

学习内容

2.1.1　光纤一维位移传感器简介

通常按光纤在传感器中所起的作用不同，将光纤传感器分为功能型(或传感型)和非功能型(传光型、结构型)两大类。功能型光纤传感器多使用单模光纤，它在传感器中不仅起传导光的作用，而且又是传感器的敏感元件。但这类传感器在制造上技术难度较大，结构较为复杂，且调试困难。

在非功能型光纤传感器中，光纤本身只起传光作用，并不是传感器的敏感元件。它利用在光纤端面或在两根光纤之间放置光学材料、机械式或光学式的敏感元件感受被测物理量的变化，使透射光或反射光强度随之发生变化。所以，这种传感器也叫传光型光纤传感器。它的工作原理是：光纤把测量对象辐射的光信号或反射、散射的光信号直接传导到光电探测器件上，实现对被测物理量的检测。为了使光电探测器件获得较大的光功率，使用的光纤主要是孔径较大的阶跃型多模光纤。该光纤传感器的特点是结构简单、可靠，技术上容易实现，便于推广应用。光纤一维位移传感器利用光纤传输光信号的功能，根据检测到的反射光的强度来测量光纤至被测反射表面的距离，属于非功能型光纤传感器。

2.1.2　光纤一维位移传感器基本原理

图 2-1 是光纤一维位移传感器测量原理图。

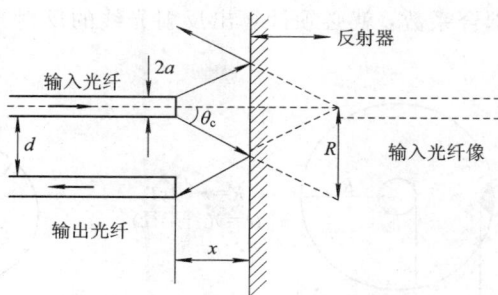

图 2-1　光纤一维位移传感器原理图

从光源发出的光耦合进输入光纤，射向反射面，再被反射回光纤，由探测器接收。设两根光纤的距离为 d，每根光纤的直径为 $2a$，数值孔径为 NA，x 是反射器的反射面到输入（输出）光纤断面的距离。设反射面的反射率为 R_0，输出光纤接收到的光强为 $I(x)$，输入光纤输出的光强为 I_0，ξ 为光源种类及光源跟光纤耦合情况有关的调制参数，则有

$$I(x)=\frac{R_0 I_0}{\left[1+\xi\left(\frac{x}{a}\right)^{3/2}\tan\theta_c\right]^2}\cdot\exp\left\{-\frac{R^2}{a^2\left[1+\xi\left(\frac{x}{a}\right)^{3/2}\tan\theta_c\right]^2}\right\} \qquad (2-1)$$

在测量小位移时，光源与输入光纤耦合较好，采用准共路光纤，$\xi\approx0$，则式(2-1)变为

$$I(x)=R_0 I_0\cdot\exp\left\{-\frac{R^2}{a^2}\right\} \qquad (2-2)$$

再对式(2-2)展开忽略高阶项，得

$$I(x)=I_0\cdot\frac{a^2 R_0}{4x^2\tan\theta_c} \qquad (2-3)$$

其中：数值孔径 $NA=\sin\theta_c$。

在图 2-1 中近似得到：

$$\tan\theta_c=\frac{R}{2x} \qquad (2-4)$$

很显然，在图 2-1 中，当 $d>R$，即输出（接收）光纤位于反射光光锥之外时，两光纤的耦合为零，无反射光进入接收光纤，$I(d)=0$；当 $d<R$，即输出（接收）光纤位于反射光光锥之内时，有反射光进入接收光纤，$I(d)\neq0$，且得到 $I-x$ 关系如图 2-2 所示。

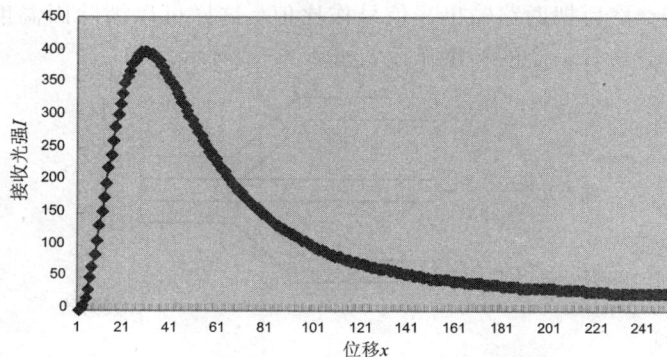

图 2-2　光强 I 与位移 x 之间的关系曲线图

如要定量地计算光耦合系数，就必须计算出反射光线的反射光斑与输出光纤端面的重叠面积，如图 2-3 所示。

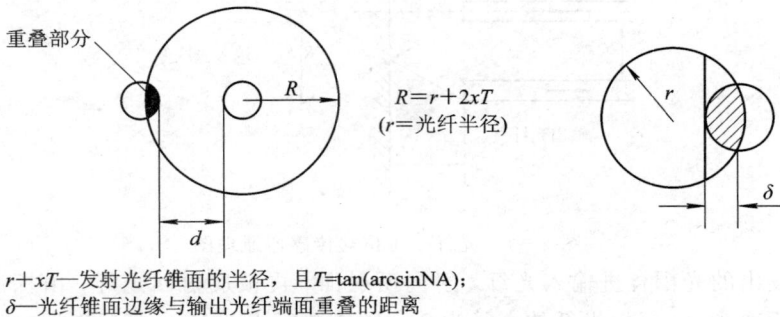

$R = r + 2xT$
(r = 光纤半径)

$r + xT$—发射光纤锥面的半径，且 $T = \tan(\arcsin NA)$；
δ—光纤锥面边缘与输出光纤端面重叠的距离

图 2-3 反射光斑与光纤端面重叠部分

由于接收光纤芯径很小，常常把光锥边缘与接收光纤芯径的交界弧线看成是直线。通过计算得到重叠面积与光纤端面面积之比，即

$$\alpha = \frac{1}{\pi}\left\{\arccos\left(1 - \frac{\delta}{r}\right) - \left(1 - \frac{\delta}{r}\right)\sin\left[\arccos\left(1 - \frac{\delta}{r}\right)\right]\right\} \qquad (2-5)$$

2.1.3 光纤一维位移传感器探头设计与扩展

光纤一维位移传感器探头有很多种形式，常见形式是输入光纤（入射光纤）与输出光纤（接收光纤）紧密接触点胶后外套金属管，金属管起保护作用，如图 2-4 所示。

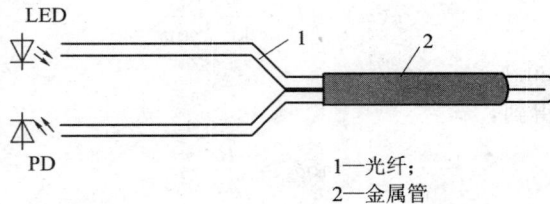

LED
PD

1—光纤；
2—金属管

图 2-4 传统型光纤一维位移传感器探头

目前，光纤一维位移传感器探头出现了多种扩展形式，输出光纤（接收光纤）由图 2-4 中的 1 根变为 2 根，然后把两路输出光信号作比值，这样可以消除因温度变化、弯曲变化等导致的测量误差，具有一定的补偿作用，如图 2-5 所示。

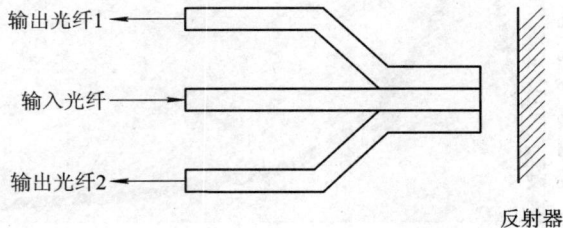

输出光纤1
输入光纤
输出光纤2
反射器

图 2-5 补偿式光纤一维位移传感器探头

2.1.4　光纤一维位移传感器的应用

1. 压力检测

1）采用弹性元件的光纤压力传感器

光纤压力传感器利用弹性体的受压变形，将压力信号转换成位移信号，从而对光强进行调制。因此，只要设计好合理的弹性元件及结构，就可以实现压力的检测。图 2-6 为简单的利用 Y 形光纤束的膜片反射式光纤压力传感器。在 Y 形光纤束前端放置一感压膜片，当膜片受压变形时，使光纤束与膜片间的距离发生变化，从而使输出光强受到调制。

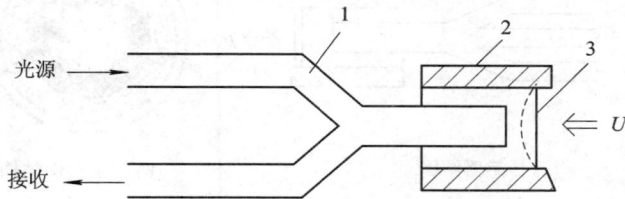

1—光纤；2—膜片固定装置；3—感压膜片

图 2-6　膜片反射式光纤压力传感器示意图

弹性膜片材料是恒弹性金属，如殷钢、铍青铜等。但金属材料的弹性模量有一定的温度系数，因此要考虑温度补偿。若选用石英膜片，则可减小温度的影响。

膜片的安装采用周边固定，焊接到外壳上。对于不同的测量范围，可选择不同的膜片尺寸。一般膜片的厚度在 0.05～0.2 mm 之间为宜。对于周边固定的膜片，在小挠度（$y<0.5t$，t 为膜片厚度）的条件下，膜片的中心挠度 y 为

$$y = \frac{3(1-\mu^2)R^4}{16Et^3} \cdot p \tag{2-6}$$

式中：R——膜片有效半径；

t——膜片厚度；

p——外加压力；

E——膜片材料的弹性模量；

μ——膜片的泊松比。

可见，在一定范围内，膜片中心挠度与所加的压力呈线性关系。若利用 Y 形光纤束检测位移特性的线性区，则传感器的输出光功率亦与待测压力呈线性关系。

传感器的固有频率可表示为

$$f_r = \frac{2.56t}{\pi R^2} \cdot \frac{gE}{3\rho(1-\mu^2)} \cdot p \tag{2-7}$$

式中：ρ——膜片材料的密度；

g——重力加速度。

这种传感器结构简单、体积小、使用方便，但如果光源不稳定或长期使用后膜片的反射率下降，将影响其精度。

2）改进型的膜片反射式光纤压力传感器

改进型的膜片反射式光纤压力传感器的结构如图 2-7(a)所示。这里采用了特殊结构

的光纤束，光纤束的一端分成三束，其中一束为输入光纤，两束为输出光纤。三束光纤在另一端结合成一束，并且在端面呈同心环排列分布，如图 2-7(b) 所示。其中最里面一圈为输出光纤束 1，中间一圈为输入光纤束，外面一圈为输出光纤束 2。当压差为零时，膜片不变形，反射到两束输出光纤的光强相等，即 $I_1 = I_2$。当膜片受压变形后，使得处于里面一圈的光纤束接收到的反射光强减小，而处于外面一圈的光纤束 2 接到的反射光强增大，形成差动输出。

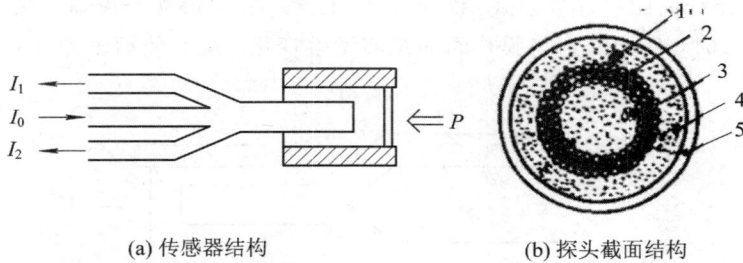

(a) 传感器结构   (b) 探头截面结构

1—输出光纤束2；2—输入光纤束；3—输出光纤束1；
4—填充物；5—外护套

图 2-7 改进型膜片反射式光纤压力传感器

两束输出光的光强之比为

$$\frac{I_2}{I_1} = \frac{1 + Ap}{1 - Ap} \qquad (2-8)$$

式中：A——与膜片尺寸、材料及输入光纤束数值孔径等有关的常数；

p——待测量压力。

可见，输出光强比 I_2/I_1 与膜片的反射率、光源强度等因素无关，因而可有效地消除这些因素的影响。

将式 (2-8) 两边取对数且满足 $(Ap)^2 \ll 1$ 时，等式右边展开后取第一项，得到

$$\ln \frac{I_2}{I_1} = \frac{p}{2A} \qquad (2-9)$$

这表明待测压力与输出光强比的对数呈线性关系。因此，将 I_1、I_2 检出后分别经对数放大，再通过减法器即可得到线性的输出。

若选用的光纤束中每根光纤的芯径为 70 μm，包层厚度为 3.5 μm，纤芯和包层折射率分别为 1.52 和 1.62，则该传感器可获得 115 dB 的动态范围，线性度为 0.25%。采用不同尺寸、材料的膜片，可获得不同的测量范围。

2. 液位检测技术

1) 球面光纤液位传感器

球面光纤液位传感器的检测原理是，光由光纤的一端导入，在球状对折端部一部分光透射出去，而另一部分光反射回来，由光纤的另一端导向探测器，如图 2-8 所示。反射光强的大小取决于被测介质的折射率。被测介质的折射率与光纤折射率越接近，反射光强度越小。显然，传感器处于空气中时比处于液体中时的反射光强要大。因此，该传感器可用

于液位报警。若以探头在空气中的反射光强度为基准，则当接触水时反射光强度变化为
−6～−7 dB，接触油时反射光强度变化为−25～−30 dB。

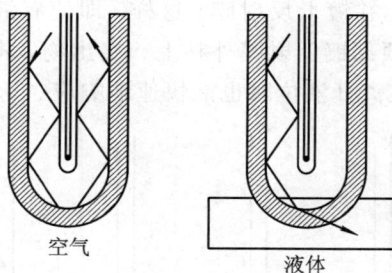

图 2-8 球面光纤液位传感器的检测原理

2）斜端面光纤液位传感器

图 2-9 为反射式斜端面光纤液位传感器的两种结构。同样，当传感器接触液面时，将
引起反射回另一根光纤的光强减小。这种形式的探头在空气中和水中时，反射光强度差约
在 20 dB 以上。

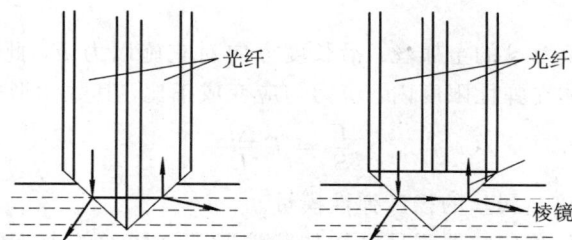

图 2-9 斜面反射式光纤液位传感器的结构

3）单光纤液位传感器

单光纤液位传感器的结构如图 2-10 所示，将光纤的端部抛光成 45°的圆锥面。当光纤
处于空气中时，入射光大部分能在端部满足全反射条件而返回光纤；当传感器接触液体
时，由于液体的折射率比空气大，使一部分光不能满足全反射条件而折射入液体中，返回
光纤的光强就减小。利用 X 形的耦合器即可构成具有两个探头的液位报警传感器。同样，
若在不同的高度安装多个探头，则能连续监视液位的变化。

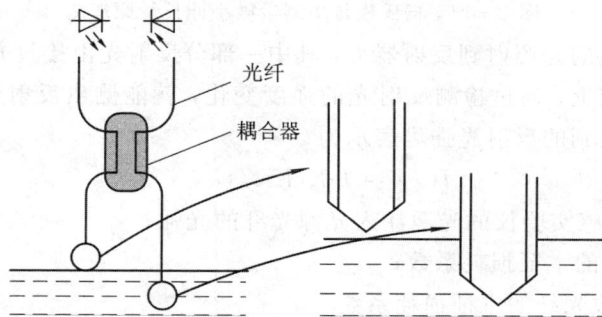

图 2-10 单光纤液位传感器结构

上述探头在接触液面时能快速响应，但在探头离开液体时，由于有液滴附着在探头上，故不能立即响应。为了克服这个缺点，可将探头的结构作一些改变，如图 2-11 所示，将光纤端部的尖顶略微磨平，并镀上反射膜。这样，即使有液体附着在顶部，也不影响输出跳变。进一步的改进是在顶部镀反射膜外粘上一突出物，将附着的液体导引向突出物的下端，这样，可以保证探头在离开液位时也能快速地响应。

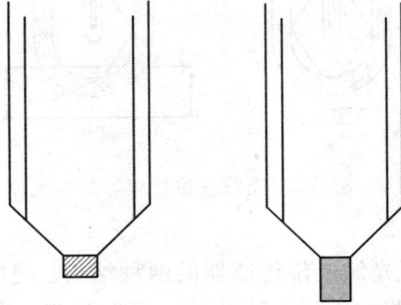

图 2-11 镀膜光纤液位传感器探头结构

3. 杨氏模量测量

对长度为 L、截面为 S 的金属丝，沿长度方向对它施以力 F，此时金属丝将伸长 ΔL。由胡克定律可知，物体在弹性限度内，应力与应变成正比，其数学形式表示为

$$\frac{F}{S} = E\frac{\Delta L}{L} \tag{2-10}$$

式中，比例系数 E 为该金属丝的杨氏弹性模量。

可使用光纤一维位移传感器测量已知加载情况下金属丝的微小伸长量 ΔL。金属丝杨氏模量中，测量金属丝微小伸长量的杨氏模量测量原理如图 2-12 所示。

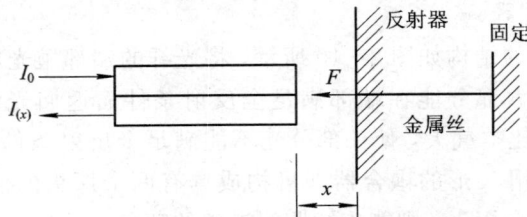

图 2-12 杨氏模量中测量微小伸长量原理图

由光源光纤发出的光照射到反射器上，其中一部分反射光由接收光纤传回到光纤一维位移传感器的探测器上，通过检测反射光的强度变化，就能测出反射体的位移。图 2-12 中光纤传感器所接收到的反射光强可表示为

$$I(x) = I_0 K_0 KRf(d,x) \tag{2-11}$$

式中：I_0——光纤传感实验仪的光源注入光源光纤的光强；

K——光源光纤的本征损耗系数；

K_0——反射接收光纤的本征损耗系数；

R——反射器的反射系数；

d——两光纤的间距；

$f(d, x)$——光纤传感实验仪探头的特性调制函数。

理论上，$f(d, x)$由下式给出：

$$f(d, x) = \frac{a_0^2}{R^2(2x)} \cdot \exp\left\{-\frac{d^2}{R^2(2x)}\right\} \tag{2-12}$$

另外，

$$R(x) = a_0\left[1 + \xi\left(\frac{x}{a_0}\right)^{3/2}\right]$$

其中：a_0为光纤芯半径；ξ为一与光纤有关的无量纲参数。

4. 固体热膨胀系数测量

原长度为 L 的固体受热后，其相对伸长量正比于温度的变化，即

$$\frac{\Delta L}{L} = \alpha\Delta t \tag{2-13}$$

式中：α——固体的线膨胀系数；

L——固体室温下的长度；

ΔL——由于固体温度的升高而引起的长度改变量；

Δt——温升的绝对值。

因此，在已知 L 的情况下，只要测得 Δt 和 ΔL，就可以计算出固体的线膨胀系数 α。实验中，可用温度计来检测固体的温度，用光纤传感实验仪与光纤一维位移传感器来测量固体长度的微小伸长量 ΔL。图 2-13 为固体热膨胀系数测量装置示意图。

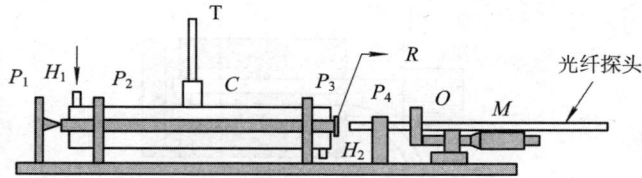

图 2-13　测量装置示意图

如图 2-13 所示，被测金属棒放置在可以加热水的玻璃管（由支架 P_2 和 P_3 固定）内，H_1 为入水口，H_2 为出水口，金属棒的一端紧固在支座 P_1 上，受热后另一端可以自由伸长。将温度计 T 从 C 孔插入并与金属棒接触，用来测量金属棒的温度。图中 R 是反射镜，其与金属棒相连，反射镜与光纤传感探头组成反射式光纤一维位移传感器。反射式光纤一维位移传感器输入光与输出光均来自于光纤传感实验仪。O 为光纤探头，可在支架 P_4 内自由滑动，M 是一个螺旋测微器，用于对光纤位移传感器进行标定，标定后测量时使它固定不动。

5. 其他方面的应用

光纤一维位移传感器能很好地测出物体涂层的均匀度，在物体表面质量检测中具有广泛的实用价值。

光纤一维位移传感器可对增压器叶片的运转情况进行检测，对于保证叶片的运行和增压器的有效工作具有重要意义。

光纤一维位移传感器在镀层的不平度，零件的椭圆度、锥度、偏斜度等测量中得到应用，还可用来测量微弱的振动。

2.1.5 实验实训

本小节以武汉发博科技有限公司生产的非接触式光纤一维位移传感器实验仪(FBKJ - CG - WY3)为例,如图 2 - 14 所示,进行实验实训。

图 2 - 14 非接触式光纤一维位移传感器实验仪

1) 光路与机械系统组装调试实验

(1) 按照图 2 - 15 安装光纤传感器,把输入光纤、输出光纤分别插入实验板上的光源座孔和探测器 PD 座孔上,把光纤传感器探头安装在光纤卡架上。

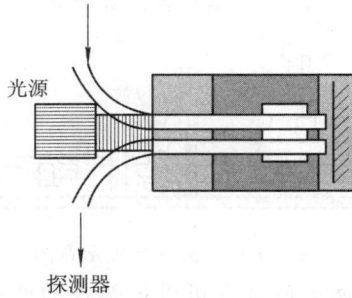

图 2 - 15 光纤传感器安装示意图

(2) 调节光纤传感器探头,使探头与反射面接触。

(3) 调节螺旋测微丝杆使光纤传感器离开反射面,然后反向调节螺旋测微丝杆使传感器靠近反射面,观察效果。

2) 发光二极管驱动实验

(1) 重复 1)中步骤(1)。

(2) 调节光纤传感器探头,使探头与反射面接触。

(3) 打开电源开关,调节螺旋测微丝杆使光纤传感器离开或靠近反射面,观察显示电压值的变化,并分析。

(4) 关闭电源。

3) 光电探测器 PD 接收实验

(1) 重复 1)中步骤(1)。

(2) 调节光纤传感器探头,使探头与反射面接触。

(3) 打开电源开关，调节螺旋测微丝杆使光纤传感器离开反射面，观察显示电压值的变化；再拔下 PD 座孔处光纤，观察电压值变化，分析前后电压值变化原因。

(4) 关闭电源。

4) 光纤一维位移传感器输出信号放大处理实验

(1) 重复 1) 中步骤(1)。

(2) 调节光纤传感器探头，使探头与反射面接触。

(3) 打开电源开关，调节螺旋测微丝杆使光纤传感器离开反射面某一距离后维持不动，调节增益旋钮，观察显示电压值的变化，并分析。

(4) 关闭电源。

5) 光纤位移传感器输出信号误差补偿电路

(1) 重复 1) 中步骤(1)。

(2) 调节光纤传感器探头，使探头与反射面接触，调节偏压旋钮使显示电压值为 1。

(3) 打开电源开关，调节螺旋测微丝杆使光纤传感器离开反射面，观察显示电压值变化，并分析。

(4) 去掉偏压电路重复步骤(3)，比较有无偏压电路结果有何不同，并分析原因。

(5) 关闭电源。

6) 光纤一维位移传感器测量位移原理

(1) 重复 1) 中步骤(1)。

(2) 调节光纤传感器探头，使探头与反射面接触。

(3) 打开电源开关，调节偏压旋钮使显示电压值为 1。

(4) 调节螺旋测微丝杆使光纤传感器离开反射面，每隔 0.05 mm 读出电压表读数，将其填入表 2-1。

表 2-1　电压表读数(1)

x/mm	0	0.05	0.10	0.15	0.20	...	4.0
U/mV							

(5) 根据表 2-1 在 Excel 中绘制曲线。

(6) 分析曲线。

(7) 关闭电源。

7) 利用光纤一维位移传感器测量出光强随位移变化的函数关系

(1) 重复 6) 中步骤(1)、(2)、(3)。

(2) 调节螺旋测微丝杆使光纤传感器离开反射面，每隔 0.01 mm/0.02 mm 读出电压表读数，将其填入表 2-2、表 2-3。

表 2-2　电压表读数(2)

x/mm	0	0.01	0.02	0.03	0.04	...	4.0
U/V							

表 2-3 电压表读数(3)

x/mm	0	0.02	0.04	0.06	0.08	...	4.0
U/V							

(3) 根据表 2-2、表 2-3,在 Excel 中分别绘制反射式光纤位移传感器的 $I-x$ 特性曲线,比较图像两侧灵敏度的高低。

(4) 关闭电源。

8) 自动测量非接触式光纤一维位移传感器的位移与电压关系

(1) 光路与机械系统组装调试实验。

① 从非接触式光纤一维位移传感器实验仪中取出一维位移平台,并将反射面固定在一维位移平台上。

② 把输入光纤、输出光纤分别插入非接触式光纤一维位移传感器的"光源"座孔和"PD"座孔上,并调节光纤传感器探头与反射面接触,此时一维位移平台上的白色螺帽应处于松开状态。

③ 接通电源,打开电源开关,连接鼠标至仪器背后的 USB 鼠标插口。

④ 用串口数据线连接步进电机和仪器背后的"电机"插口。

⑤ 光纤传感器的定位:按"自动调零"按钮,此时一维位移平台将移动到固定的位置且千分尺的值被锁定,并旋紧一维位移平台上的白色螺帽。

⑥ 观察并分析此时显示的电压值,同时调节"偏压"旋钮使得显示电压值为 1。

⑦ 关闭电源。

(2) 校正模式实验(自动校正键"E",确定键"F")。

① 重复 8)中(1)下的步骤①～⑤。

② 观察此时显示电压值,并调节"偏压"旋钮使得电压显示值为 1。

③ 自动校正:按下仪器前面键盘上的自动校正键"E",进入自动校正模式,此时显示屏幕上将出现"3"不停跳动的现象。当出现无"3"跳动且显示屏幕为黑屏时,说明自动校正结束。按下键盘上的确定键"F",退出自动校正。

④ 去掉步骤③,比较有无自动校正的结果有何不同,并分析原因。

⑤ 关闭电源。

(3) 初始值设定实验(初始值设定键"C")。

① 重复 8)中(1)下的步骤①～⑤。

② 观察此时显示电压值,并调节"偏压"旋钮使得电压显示值为 1。

③ 自动校正:重复(2)中步骤③。

④ 初始值设定:按初始值设定键"C"进入初始值设定模式,读出此时游标卡尺读数,并输入初始值,同时记录下此时显示位移值,再按确定键"F"。(仪器键盘上的"A"键代表"小数点","B"键代表"改错"。)

⑤ 去掉步骤④,比较有无初始值设定的结果有何不同,并分析原因。

⑥ 关闭电源。

(4) 光纤位移传感器输出信号放大处理实验。

① 重复 8)中(1)下的步骤①～⑤。

② 调偏压：重复 8)中(2)下的步骤②。

③ 自动校正：重复 8)中(2)下的步骤③。

④ 初始值设定：重复 8)中(3)下的步骤④。

⑤ 解除锁定状态：按下"自动调零"按钮使其处于关闭状态，解除千分尺的值被锁定，此时游标卡尺可自由移动。

⑥ 点击鼠标寻找电压显示最大值并记录 U_{max}。（点击鼠标左键或者右键，可使游标卡尺的值增大或减小。）

⑦ 调节"增益"旋钮，使最大电压值保持在 950～1000 之间某一数值不变。

⑧ 去掉步骤⑦，比较有无调节增益时 U_{max} 有何不同，并分析原因。

⑨ 关闭电源。

(5) 利用非接触式光纤一维位移传感器测量光强随位移变化的函数关系。

① 重复 8)中(4)下的步骤①～⑦。

② 光纤传感器的重新定位：按下"自动调零"按钮，此时一维位移平台将移动到固定的位置且千分尺的值被锁定。

③ 重复 8)中(2)下的步骤②、③。

④ 初始值设定：重复 8)中(3)下的步骤④。

⑤ 连接下载口：将串口线一端接在仪器下载口，另一端接在电脑九针串口上。此时非接触式光纤一维位移传感器可进行下载。

⑥ 超级终端串口设置：打开电脑→"开始"→"程序"→"附件"→"通讯"→"超级终端"→"终端装置"→【默认 Telnet 程序(是) → 位置信息→您的区号(区号任意写)→确定(首次登录)】→连接描述→名称(文件名任取，例如：发博)→图标(选中第一个)→确定→串口(CMO1 或 CMO3)→(COM1 或 CMO3)属性→每秒位数(115200)→数据位(8)→奇偶校正(无)→停止位(1)→数据流控制(无)→确定。

⑦ 自动采集数据模式：建立 Excel 表格，按下仪器前面键盘上的自动采集数据键"D"，当超级终端窗口上出现"电机回转中，请稍候〈〈〈〈〈"时，选中超级终端窗口中数据→"复制"→"粘贴到 Excel 表格"→"保存"。

⑧ 退出自动采集数据模式：当超级终端窗口上出现"按 F 键跳出"时，按键盘上的确定键"F"退出自动采集数据模式。

⑨ 数据处理：将 Excel 表格中的数据分离奇偶行后，可生成位移和电压的对应图像 $I-x$ 特性曲线。

分离奇偶行参考公式：把复制的数据放在 A 列，则 B1＝indirect("a"&row()*2-1)，回车，鼠标点击 B1，停在 B1 右下角变成小十字，双击，提取奇数行即采集的电压数据。C1＝indirect("a"&row()*2)，回车，鼠标点击 C1，停在 C1 右下角变成小十字，双击，提取偶数行即采集的位移数据。

⑩ 在 Excel 中画出电压(光强)与位移即 $I-x$ 特性曲线，关闭电源。

(6) 验证传感器测量精度。

① 重复 8)中(1)下的步骤①～⑤。

② 观察此时显示的电压，并调节偏压使得电压显示值为 1。

③ 自动校正与初始值设定：重复(2)中步骤③与(3)中步骤④。

④ 解除锁定状态：重复 8)中(4)下的步骤⑤。

⑤ 点击鼠标左键使游标卡尺移动到最大值即游标卡尺不能再移动为止，记录下此时位移显示的值。(点击鼠标左(右)键，可使千分尺的值增大(减小)。)

⑥ 读出此时千分尺上位移的读数，即为实际位移。

⑦ 点击鼠标右键，使位移显示值变化，并记录千分尺上实际位移值。重复以上过程50 次，直到电压值不再变化为止。

⑧ 建表：建立 Excel 表格，将记录位移显示的值及实际位移的值输入表格并计算出绝对误差和相对误差，生成位移特性曲线。(绝对误差——测量值(或多次测定的平均值)与真(实)值之差；相对误差——绝对误差与真值的比值，常用百分数表示)。

⑨ 从位移特性曲线上比较实际位移与显示位移的差距，得出非接触式光纤一维位移传感器的测量精度。

9) 上位机控制、处理与应用(选做)

(1) 做好电路、光路、机械部分连接，装上配套软件。

(2) 将串口线一端连接实验仪后面的"下载串口端"，另外一端连接串口转 USB 接头，此接头 USB 端插入电脑 USB 接口。

(3) 根据软件提示，点击操作步骤或操作视频。

(4) 在操作视频帮助下完成全部实验。

任务二　光纤烟雾传感器

学习目标

★ 掌握光纤烟雾传感器的原理；
★ 掌握光纤烟雾传感器系统结构的组成；
★ 掌握光纤烟雾传感器探头的设计与制作；
★ 了解光纤烟雾传感器的相关应用；
★ 掌握相关实验实训。

学习内容

2.2.1　光纤烟雾传感器简介

光纤烟雾传感器通过两种方式来判断有无烟雾以及烟雾浓度。一种方式是：采用反射式强度调制方式来感应有无烟雾以及烟雾浓度，发射光纤和接收光纤采用准共路方式，当烟雾遇到反射光时引起接收光纤的光强变化，进而对烟雾有无及浓度进行判断。另一种方式是：采用对射式光纤传感器，当烟雾遇到透射光时引起接收光纤的光强变化，进而对烟雾有无及浓度进行判断。它属于非功能型光纤传感器。

2.2.2　光纤烟雾传感器基本原理

1. 反射式光纤烟雾传感器

图 2-16 是反射式光纤烟雾传感器的原理图。

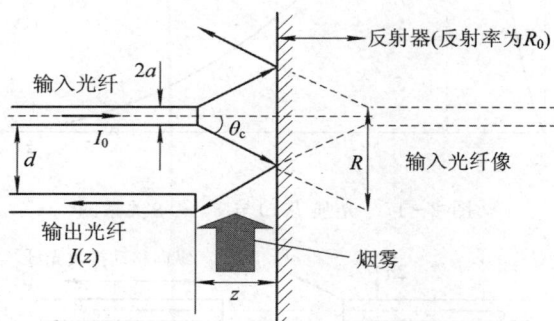

图 2-16　反射式光纤烟雾传感器原理图

设 ξ 为光源种类及光源跟光纤耦合情况有关的调制参数，α 为烟雾吸收光强系数，β 为烟雾散射光强系数，c 为烟雾浓度，则有

$$I(z) = \frac{R_0 I_0}{\left[1 + \xi\left(\frac{z}{a}\right)^{3/2}\tan\theta_c\right]^2} \cdot \exp\left\{-\frac{R^2}{a^2\left[1 + \xi\left(\frac{z}{a}\right)^{3/2}\tan\theta_c\right]^2}\right\} \cdot \exp(\alpha c z - \beta z)$$

$$(2-14)$$

其中：θ_c 为光纤最大孔径角，当探头距离反射面较小且光源与输入光纤耦合较好时，在采用准共路光纤的条件下，则认为 $\xi \approx 0$，式(2-14)变形为

$$I(z) = R_0 I_0 \cdot \exp\left\{-\frac{R^2}{a^2}\right\} \cdot \exp(\alpha c z - \beta z) \qquad (2-15)$$

其中：

$$\tan\theta_c = \frac{R}{2z}$$

再对式(2-15)展开忽略高阶项，近似得到

$$I(z) = I_0 \cdot \frac{a^2 R_0}{4z^3 \tan^2\theta_c (\alpha c + \beta)} \qquad (2-16)$$

由式(2-16)可知：z 一定，α 增大时，灵敏度增大；烟雾浓度 c 增大，灵敏度增大；散射光强系数 β 增大，灵敏度增大。一般吸收光强系数 α 为定值，当浓度 c 增大时，散射光强系数 β 也增大。

可由实验得到 $I(z)$ 与 z、c、β 的关系如图 2-17 所示。

2. 透射式光纤烟雾传感器

透射式光纤烟雾传感器的原理图如图 2-18 所示。当移动接收光纤时，其接收到的光强大小不一样，当两根光纤纤芯对准且紧紧靠在一起时，接收光纤接收到的光强最强；两光纤间距越大，发射光纤发射出来的光斑面积越大，单位面积上接收到的光强越弱，即两光纤间距越大，接收光纤接收到的光强越小。

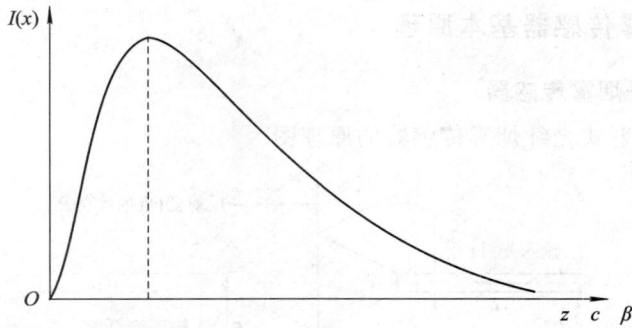

图 2-17　光强 $I(x)$ 与 z、c、β 关系图

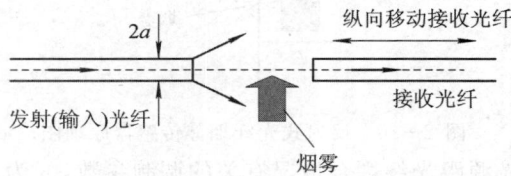

图 2-18　透射式光纤烟雾传感器原理图

发射光纤(输入光纤)输出的光强为高斯函数,当两光纤共轴时,接收光纤接收到的光强 I 与其纵向移动间距 z 近似为线性关系,当有烟雾作用时,接收光纤接收到的光强为

$$I(z) = \frac{I_0 a^2}{\tan^2\theta_c \cdot z^2} \cdot \exp(\alpha cz - \beta z) \tag{2-17}$$

再对式(2-17)展开忽略高阶项,近似得到

$$I(z) = I_0 \cdot \frac{a^2}{\tan^2\theta_c \cdot z^3(\alpha c + \beta)} \tag{2-18}$$

由式(2-18)知道:z 一定,吸收光强系数 α 增大时,接收光纤接收的光强 $I(z)$ 减小,即烟雾吸收的光强越大,进而导致灵敏度越大;烟雾浓度 c 增大时,接收光纤接收的光强 $I(z)$ 越小,即烟雾吸收的光强越大,灵敏度越大;散射光强系数 β 增大时,接收光纤接收的光强 $I(z)$ 越小,即烟雾吸收的光强越大,灵敏度越大。一般吸收光强系数 α 为定值,当烟雾浓度 c 增大时,散射光强系数 β 也增大。

实验测得的纵向移动时接收光强 $I(z)$ 与 z、c、β 的关系如图 2-19 所示。

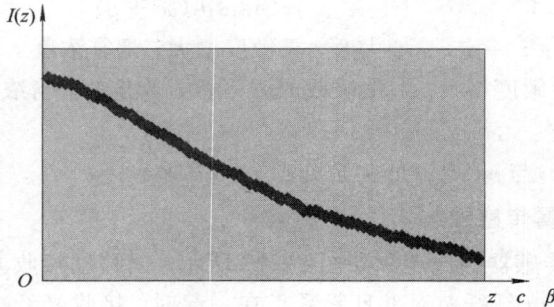

图 2-19　纵向移动光纤时 $I(z)$ 与 z、c、β 关系图

2.2.3　光纤烟雾传感器探头设计与扩展

1. 反射式光纤烟雾传感器探头

在反射式光纤传感器探头基础上,把光纤传感器用网孔状的金属管封装,且将反射镜封装在金属管内,当烟雾透过网孔进入时,会对发射光与接收光均进行散射,使得接收光纤输出光强降低,从而起到探测烟雾的作用。其探头设计如图 2-20 所示。

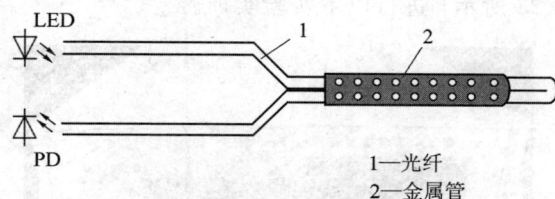

1—光纤
2—金属管

图 2-20　反射式光纤烟雾传感器探头

2. 对射式光纤烟雾传感器探头

在透射式光纤传感器探头基础上,把两根光纤传感器用网孔状的金属管封装,当烟雾透过网孔进入时,会对发射光与接收光均进行散射,使得接收光纤输出光强降低,从而起到探测烟雾的作用。对射式光纤烟雾传感器探头设计如图 2-21 所示。

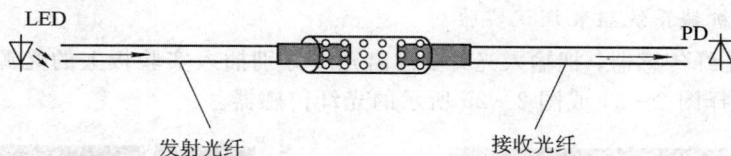

发射光纤　　　　　接收光纤

图 2-21　对射式光纤烟雾传感器探头

2.2.4　光纤烟雾传感器的应用

图 2-22 为空气净化器的烟雾进口示意简图,通过细缝的空气可以自由地流入净化器内部。

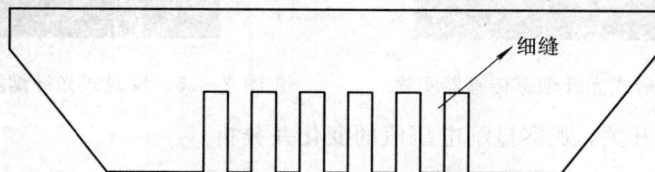

细缝

图 2-22　空气净化器烟雾进口简图

烟雾由入口的细缝进入净化器内部,光源经过光纤间歇地发出人眼无法看到的红外线,在没有烟雾及细小浮尘的情况下,发射光纤发出的红外线被接收光纤接收,控制电路不工作;当烟雾等颗粒进入到净化器内部并达到一定浓度时,烟雾的粒子对间歇闪射的红外光进行漫反射,这样导致接收光纤接收到的光强发生变化,光纤烟雾传感器由此判断出车内存在烟雾,信号被反馈到智能空调系统的 ECU,ECU 控制鼓风电机开始工作,同时将空调送风模式自动切换到外循环(车外空气进入车内进行换气),从而达到始终为驾驶舱提供清洁空气的目的。

　　光纤烟雾传感器还用于家庭对煤气、一氧化碳、液化石油气等燃烧产生的烟雾进行监测报警。

2.2.5　实验实训

　　本小节以武汉发博科技有限公司生产的光纤烟雾与防盗报警实验仪（FBKJ－CG－YWFD）为例，如图 2－23 所示，进行以下实验实训。

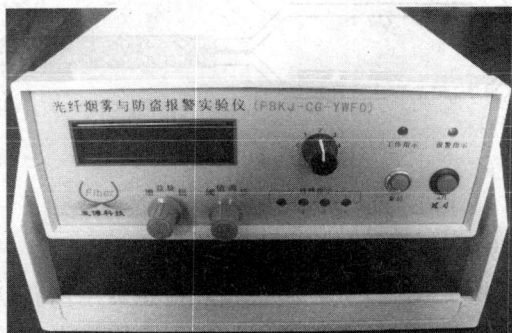

图 2－23　光纤烟雾与防盗报警实验仪

　　1）光路与机械系统组装调试实验

　　（1）安装光纤传感器，把输入光纤、输出光纤分别插入实验板上的光源座孔和探测器 PD 座孔上，选择图 2－24 或图 2－25 所示的光纤传感器。

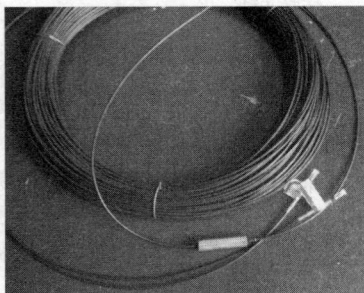

图 2－24　对射式光纤烟雾传感器实物

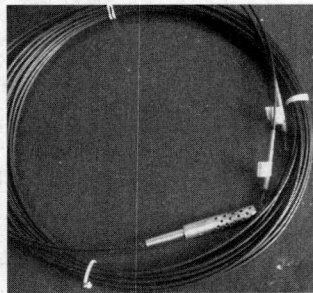

图 2－25　反射式光纤烟雾传感器实物

　　（2）打开电源开关，观察显示电压值的变化并分析。

　　（3）关闭电源。

　　2）发光二极管驱动实验

　　（1）重复 1）中步骤（1）。

　　（2）打开电源开关，观察显示电压值；拔下光源座孔处光纤，观察电压值，前后比较分析。

　　（3）关闭电源。

　　3）光电探测器 PD 接收实验

　　（1）重复 1）中步骤（1）、（2）。

（2）打开电源开关，观察显示电压值；拔下 PD 座孔处光纤，观察电压值，前后比较分析。

（3）关闭电源。

4）光纤烟雾传感器输出信号放大处理实验

（1）重复 1)中步骤(1)。

（2）打开电源开关，观察电压值；调节增益旋钮，观察显示电压值的变化，并分析。

（3）关闭电源。

5）光纤烟雾传感器原理实验

（1）重复 1)中步骤(1)，打开电源开关。

（2）同时在光源与 PD 接口处插上图 2-24 与图 2-25 所示的光纤烟雾传感器探头，分别记录下对应的电压值。

（3）用烟雾分别喷向 2 个探头，观察电压值的变化。

（4）分析电压值变化，进一步分析光纤烟雾传感器的原理。

6）光纤烟雾传感器模拟工程布防

（1）在 5)的基础上，分别插上图 2-24 与图 2-25 所示的光纤烟雾传感器探头各 2 个。

（2）根据布防区域空间结构与距离长短，把以上 4 个探头分别布置在相应的位置。

（3）用烟雾分别喷向任意一个探头（或者几个探头），检查实验仪上声光报警指示灯给出的报警探头位置与实际报警探头是否吻合。

（4）解除声光报警。

（5）分析工程布防需要注意的事项及光纤烟雾传感器探头选择的条件及注意事项。

（6）关闭电源。

任务三　光纤二维位移传感器

学习目标

★ 掌握光纤二维位移传感器的原理；

★ 掌握光纤二维位移传感器系统结构的组成；

★ 掌握光纤二维位移传感器探头的设计与制作；

★ 掌握光纤二维位移传感器的相关应用；

★ 掌握相关实验实训。

学习内容

2.3.1　光纤二维位移传感器的基本原理

光纤二维位移传感器通过移动输出（接收）光纤并测量输入光纤的输出光强变化进而测量输出（接收）光纤产生的二维位移。其测量精度高，属于非功能型光纤传感器。

1. 接收光纤横向移动时的 I-x 图像

在图 2-26 中，当移动接收光纤时，其接收到的光强大小不一样，当两根光纤纤芯对准时，接收光纤接收到的光强最强；两光纤重合的面积越大（图中阴影部分面积），则接收光纤接收到的光强最强，反之越小。

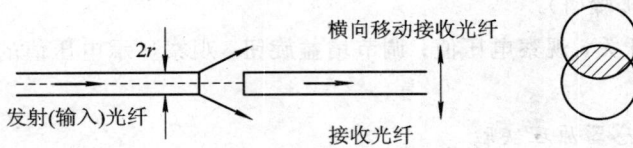

图 2-26　光纤二维位移传感器原理图 1

发射光纤（输入光纤）输出的光强为高斯函数，近距离可以处理为圆锥状，则接收光纤横向移动中接收光强 I 与其移动的位移 x 关系图如图 2-27 所示。

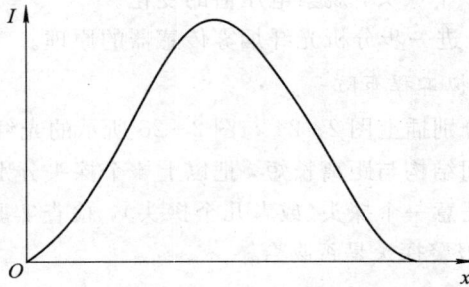

图 2-27　横向移动接收光纤时的 I-x 图像

由图 2-27 看出，在测量微小距离时，左右两侧近似为线性函数，在 MATLAB 中模拟出图像左右两侧的线性函数，则测出电压就能知道接收光纤移动的位移大小。

2. 接收光纤纵向移动时的 I-x 图像

在图 2-28 中，当移动接收光纤时，其接收到的光强大小不一样，当两根光纤纤芯对准且紧紧靠在一起时，接收光纤接收到的光强最强；两光纤间距越大，发射光纤发射出来的光斑面积越大，单位面积上接收到的光强就越弱，即两光纤间距越大，接收光纤接收到的光强越小。

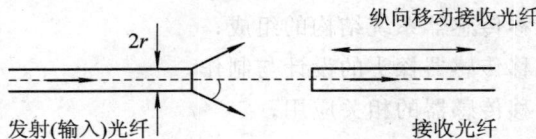

图 2-28　光纤二维位移传感器原理图 2

发射光纤（输入光纤）输出的光强为高斯函数，当两光纤共轴时，接收光纤接收到的光强 I 与其纵向移动间距 z 近似为线性关系，因为发射光纤出来的光强绝大部分集中在以光纤端面大小为直径的圆柱体形状内。

实验测得的纵向移动时接收光纤的 I-z 图像如图 2-29 所示。

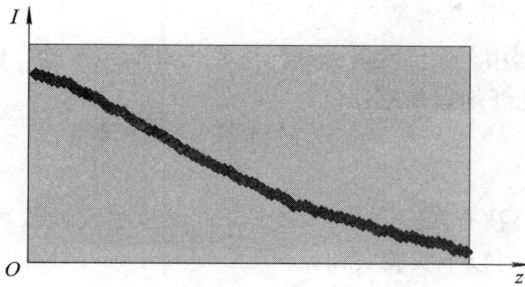

图 2 - 29　纵向移动接收光纤时的 $I-z$ 图像

3. 光纤二维位移传感器的探头设计与扩展

光纤二维位移传感器的设计是多样化的，这些更多体现在探头的封装方面。一般探头的封装以不锈钢套管封装或者表面螺纹铜管封装居多，具体见图 2 - 30。

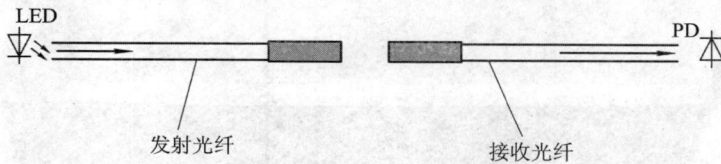

图 2 - 30　对射式光纤二维传感器的探头

2.3.2　光纤二维位移传感器的应用

1. 细小物体的探测

根据探测头的规格和检测距离，可以安全识别最小至 0.5 mm 大小的物体，物体被精确地导入至两光纤之间时，该产品还可以检测如螺纹线的细小结构，如图 2 - 31 所示。

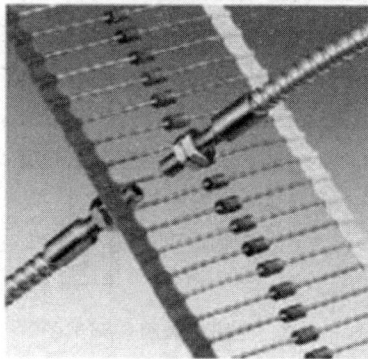

图 2 - 31　光纤二维位移传感器探测细小物体

2. 测量微位移

根据光纤二维位移原理可知，该种光纤传感器可以测量 2 个方向的位移，其中横向的位移测量精度可控制在 0.01 mm 以下，测量范围为 1 mm 左右；纵向位移测量精度为 0.01 mm，测量范围为 20 mm 左右。

3. 光纤烟雾传感器

光纤二维位移传感器中，保持发射光纤与接收光纤间距不变，且给二者套上防尘防虫透烟的装置，便可制成光纤烟雾传感器。

2.3.3　实验实训

本小节以武汉发博科技有限公司生产的光纤二维位移实验仪（FBKJ - CG - WY2）为例，如图 2 - 32 所示，进行以下实验实训。

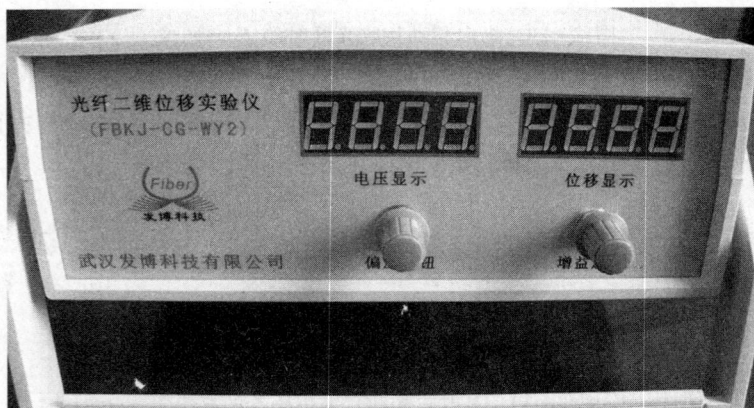

图 2 - 32　光纤二维位移实验仪

1）光路与机械系统组装调试及发光二极管驱动实验

（1）按照图 2 - 33 把光纤二维位移光纤传感器安装在光纤支架上，仅仅把发射光纤插入实验板上的光源座孔中。

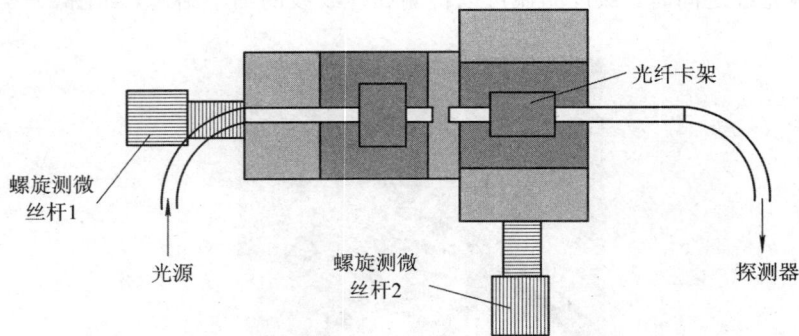

图 2 - 33　光路机械组装调试图

（2）打开电源开关，观察发射光纤出光情况及变化，并分析。

（3）关闭电源。

2）光电探测器 PD 接收实验

（1）按照图 2 - 33 把光纤二维位移光纤传感器安装在光纤支架上，把发射光纤与接收光纤分别插入实验板上的光源座孔与 PD 座孔中。

（2）打开电源开关，调节螺旋测微丝杆 2 使得接收光纤移动，观察电压表显示变化；

然后拔下 PD 座孔处光纤，再观察电压值，分析原因。

（3）关闭电源。

3）抗外界环境光干扰实验

光纤传感器在工程应用中一定要解决抗外界环境光干扰的问题，否则将产生测量误差。

（1）重复 2）中步骤（1）。

（2）打开电源开关，调节螺旋测微丝杆 2 使得接收光纤移动，观察电压表显示变化。

（3）把接收光纤从 PD 座孔拔下，用其他光源如白炽灯照射 PD 座孔进光口，观察电压表显示变化，比较（2）、（3）中电压变化有何不同，分析原因。

（4）关闭电源。

4）光纤二维位移传感器输出信号误差补偿调零与放大处理实验

（1）重复 2）中步骤（1）。

（2）打开电源开关，调节螺旋测微丝杆 2 使得接收光纤移动，且使发射光纤与接收光纤光轴间距大于 6 mm，观察此时电压值。调节实验仪前面的"偏压旋钮"，使电压值为零，完成输出信号误差补偿调零，分析原因。

（3）调节螺旋测微丝杆 2 使得接收光纤移动，使两光纤光轴间距变小，观察电压值大小；停止移动接收光纤，调节实验仪前面的"增益旋钮"，再次观察电压值大小，完成输出信号放大处理，分析原因。

（4）关闭电源。

5）发射光纤与接收光纤对芯实验

（1）重复 2）中步骤（1）。

（2）调节图 2-33 中螺旋测微丝杆 1、2，使两光纤端面保持在 1～2 mm。

（3）打开电源开关，调节螺旋测微丝杆 2 与光纤卡架白色锁紧螺丝，直到实验仪上显示的电压值最大，则认为两光纤已经对芯完成。

（4）关闭电源。

6）横向移动接收光纤时光强 I 随接收光纤横向位移变化 x 的函数关系实验

因为接收光纤接收到的光强 I 的强弱与光电转换后的电压值 U 成正比，故 $I-x$ 关系可以用 $U-x$ 关系代替。

（1）重复 2）中步骤（1）。

（2）完成误差补偿调零。

（3）完成对芯，调节"增益旋钮"，使对芯时电压值不要超过 5 V。

（4）调节螺旋测微丝杆 2，直到电压值为零，记录此时调节螺旋测微丝杆 2 上的读数；反方向调节螺旋测微丝杆 2 使接收光纤移动，每隔 0.05 mm 观察电压表读数变化，把位移与电压记录在表 2-4 中。

表 2-4　横向位移 x 与电压 U 的关系

x/mm	0	0.05	0.10	0.15	0.20	...	6.0
U/V							

(5) 根据表 2-4 在 Excel 中绘制 $U-x$ 关系曲线，且分析。

(6) 关闭电源。

7) 纵向移动接收光纤时光强 I 随接收光纤位移变化 x 的函数关系实验

因为接收光纤接收到的光强 I 的强弱与光电转换后的电压值 U 成正比，故 $I-x$ 关系可以用 $U-x$ 关系代替。

(1) 重复 6) 中步骤 (1)、(2)、(3)。

(2) 调节螺旋测微丝杆 1，直到两光纤端面接触，调节"增益旋钮"使电压值小于 5 V，记录此时螺旋测微丝杆 1 上的读数，此时位移 $x=0$；反方向调节螺旋测微丝杆 1，使接收光纤移动，每隔 0.05 mm 观察电压表读数变化，把位移与电压记录在表 2-5 中。

表 2-5　纵向位移 x 与电压 U 的关系

x/mm	0	0.02	0.04	0.06	0.08	...	10
U/V							

(3) 根据表 2-5 在 Excel 中绘制 $U-x$ 关系曲线，且分析。

(4) 关闭电源。

8) 横向移动接收光纤时光强 I 随横向位移 x 的函数关系上位机实验

光纤二维位移实验仪（FBKJ-CG-WY2）配备上位机软件，让电脑直接与实验仪相连，可以实时采集数据，便于提高实验实训效率，同时方便教师进行演示实验。

(1) 重复 6) 中步骤 (1)、(2)、(3)。

(2) 将光盘附赠的上位机软件"FBKJ-CG-WY2.exe"拷贝到电脑上，双击打开，如图 2-34 所示，且用串口数据线连接电脑与实验仪背后的 RS232 下载接口。

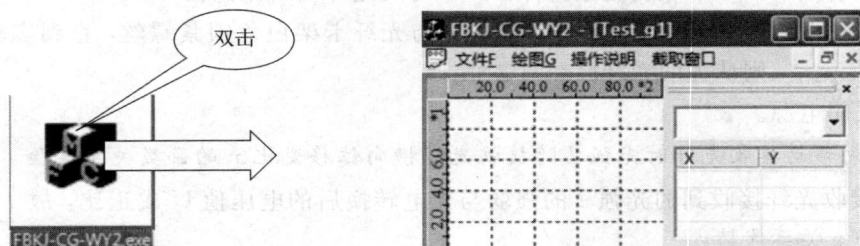

图 2-34　上位机软件操作示意图一

(3) 单击主界面中的"绘图"→"测试曲线"，如图 2-35 所示，将弹出如图 2-36 所示的"读取数据"窗口。

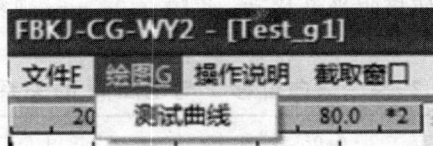

图 2-35　上位机软件操作示意图二

图 2-36　上位机软件操作示意图三

（4）调节螺旋测微丝杆 2，每次移动 0.05 mm，在键盘上输入该次螺旋测微丝杆 2 的读数，按 Enter 键结束。

（5）数据采集完了后，按"＊"键开始绘图，如图 2-37 所示。

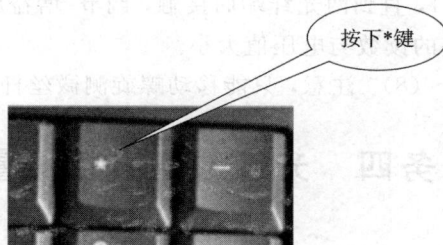

图 2-37　上位机软件操作示意图四

（6）生成的曲线如图 2-38 所示。

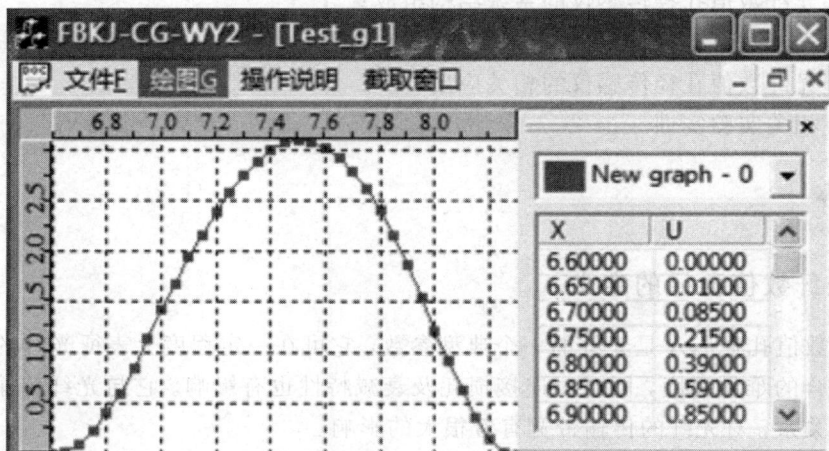

图 2-38　上位机软件操作示意图五

（7）截取图像并保存，如图 2-39 所示。

（8）分析曲线且关闭电源。

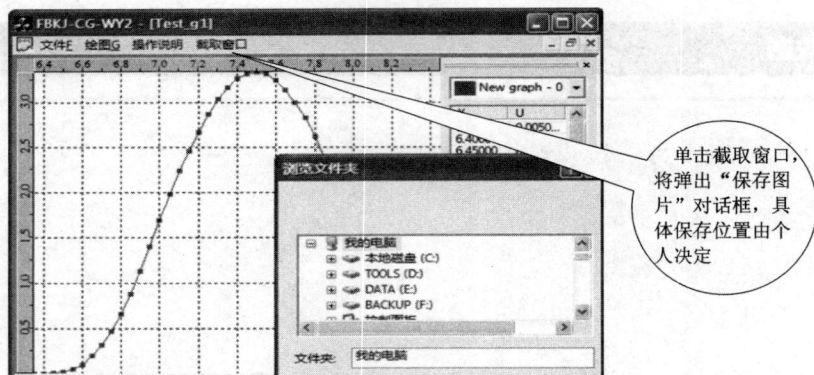

图 2-39　上位机软件操作示意图六

9）纵向移动接收光纤时光强 I 随横向位移 x 的函数关系上位机实验

（1）重复 6）中步骤（1）、（2）、（3）。

（2）调节螺旋测微丝杆 1，直到两光纤端面接触，调节"增益旋钮"，使电压值小于 5 V，记录此时螺旋测微丝杆 1 上的读数与电压值大小。

（3）重复 8）中步骤（2）～（8）。注意，只能移动螺旋测微丝杆 1 来改变纵向位移 x。

任务四　光纤数值孔径测量

学习目标

★ 掌握光纤数值孔径传感仪的原理；
★ 掌握光纤数值孔径传感仪的系统结构组成；
★ 掌握光纤数值孔径传感仪探头的设计与制作；
★ 掌握光纤数值孔径传感仪的相关应用；
★ 掌握相关实验实训。

学习内容

2.4.1　光纤数值孔径的定义

光纤的数值孔径 NA 是光纤的一个典型参数，它可在一定程度上表征光纤的集光能力和与光源耦合的难易程度，同时对连接损耗及衰减特性也有影响。它与光纤传输系数的计量有密切的关系，对光纤的传输带宽有着很大的影响。

当光线射到两种不同的界面上时，将产生反射和折射。在纤芯包层界面上，临界角 φ_c（即折射角为 $\pi/2$ 时的入射角）按斯涅尔折射定律可得出：

$$\varphi_c = \arcsin \frac{n_2}{n_1} \tag{2-19}$$

其中：n_1 是纤芯折射率，n_2 是包层折射率。若光源发出的光经空气后耦合到光纤中，那么满足光纤中全反射条件的光的最大入射角 θ_c 满足：

$$\sin\theta_c = n_1 \sin\left(\frac{\pi}{2} - \varphi_c\right) = \sqrt{n_1^2 - n_2^2} \tag{2-20}$$

定义光纤的最大理论数值孔径为

$$NA_{max} = \sqrt{n_1^2 - n_2^2} \approx n_1 \sqrt{2\Delta} \tag{2-21}$$

式中：$\Delta = (n_1 - n_2)/n_1$。对于梯度光纤，n_1 是光纤轴心处的折射率，n_2 是包层折射率。

2.4.2　用光斑法与远场强度法测量数值孔径

光源发出的光耦合进入光纤后从光纤另一端出来，出来的光束照在光屏上形成一个圆形的光斑。设光纤出光端面至光屏的间距为 z，光斑半径为 R，如图 2-40 所示，则有

$$\tan\theta_c = \frac{R}{z} \tag{2-22}$$

数值孔径为

$$NA = \sin\theta_c \tag{2-23}$$

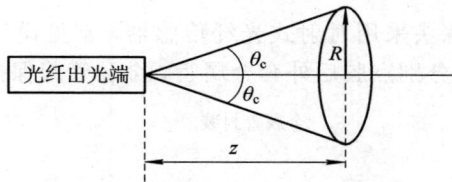

图 2-40　光斑法测量数值孔径原理图

光纤数值孔径的另一种定义是用远场强度法定义的有效数值孔径 NA_{eff}。NA_{eff} 是通过测量光纤远场强度分布来确定的。CCITT（国际电报电话咨询委员会）定义：光纤远场光强辐射图上光强值下降到最大值的 5% 处半张角的正弦值就是这种光纤的数值孔径，如图 2-41 所示。

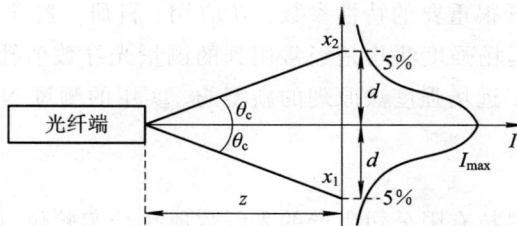

图 2-41　远场强度法测量数值孔径的原理图

图 2-41 中，I 为接收光纤接收的光强，I_{max} 为接收光纤接收的最大光强；θ_c 为光纤的最大孔径角，数值孔径 NA 为

$$NA = \sin\theta_c = \frac{d}{\sqrt{z^2 + d^2}} = \frac{|x_2 - x_1|/2}{\sqrt{z^2 + |x_2 - x_1|^2/4}} \tag{2-24}$$

式中：z 为入射（发射）光纤端面和接收（输出）光纤端面对芯时，两光纤端面间的距离；d 为

（当 z 一定时）接收光强下降到 $I_{max} \times 5\%$ 时，接收光纤沿着 x 轴移动时所对应的位移值差值的 1/2。

接收光纤接收到的光强 I 随接收光纤位移变化 x 的函数关系如图 2－42 所示。

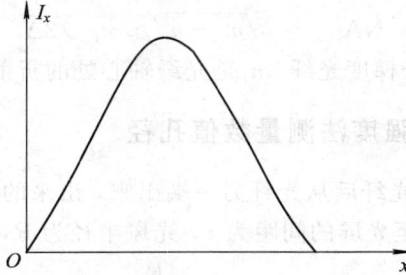

图 2－42　远场强度法中 $I－x$ 关系图

2.4.3　光纤数值孔径传感探头的设计与扩展

光纤数值孔径传感器探头采用对射式光纤传感器，常见设计形式是输入光纤（入射光纤）与输出光纤（接收光纤）分别点胶后外套金属管，金属管起保护作用，如图 2－43 所示。

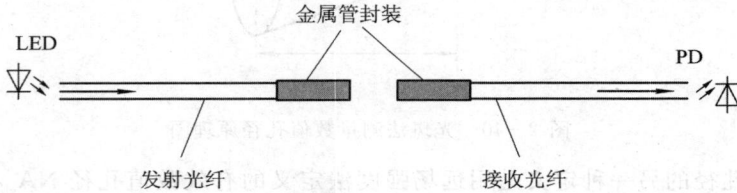

图 2－43　光纤数值孔径传感探头示意图

2.4.4　应用

光纤数值孔径是光纤很重要的特性参数，在应用、科研、教学等方面经常需要知道光纤数值孔径。光斑法与远场强度法均是经常用到的测量光纤数值孔径的方法。下面的实验实训中介绍的是一种基于远场强度法原理的新型的、实用的测量 NA 的方法。

2.4.5　实验实训

本小节以武汉发博科技有限公司生产的光纤数值孔径实验仪（FBKJ－CG－NA）为例，进行以下实验实训。光纤数值孔径实验仪利用非功能型光纤传感器（即对射式光纤传感器）原理，移动输出（接收）光纤，并测量接收光纤输出光强随横向移动接收光纤位移的变化关系，结合远场强度法，进而测量光纤的数值孔径。此方法简单、新颖、实用，效果很好。

1）光路与机械系统组装调试及发光二极管驱动实验

参照"光纤二维位移实验仪（FBKJ－CG－WY2）"实验实训中的步骤。

2）光电探测器 PD 接收实验

参照"光纤二维位移实验仪（FBKJ－CG－WY2）"实验实训中的步骤。

3) 抗外界环境光干扰实验

参照"光纤二维位移实验仪(FBKJ – CG – WY2)"实验实训中的步骤。

4) 光纤二维位移传感器输出信号误差补偿调零与放大处理实验

参照"光纤二维位移实验仪(FBKJ – CG – WY2)"实验实训中的步骤。

5) 发射光纤与接收光纤对芯实验

参照"光纤二维位移实验仪(FBKJ – CG – WY2)"实验实训中的步骤。

6) 手动测量光纤数值孔径实验

因为接收光纤接收到的光强 I 的强弱与光电转换后的电压值 U 成正比，故 $I-x$ 关系可以用 $U-x$ 关系代替。

(1) 按照图 2 – 33 把光纤二维位移光纤传感器安装在光纤支架上，把发射光纤与接收光纤分别插入实验板上的光源座孔与 PD 座孔上；打开电源开关，调节螺旋测微丝杆 2 使得接收光纤移动，观察电压表显示变化，并分析。

(2) 完成误差补偿调零。

(3) 完成对芯，调节"增益旋钮"，使对芯时电压值不要超过 5 V；调节螺旋测微丝杆 1，使两光纤端面间距 z 在 1.3～1.5 mm 之间。

(4) 调节螺旋测微丝杆 2，直到电压值为零，记录此时螺旋测微丝杆 2 上的读数；反方向调节螺旋测微丝杆 2 使接收光纤移动，每隔 0.05 mm 观察电压表读数变化，把位移与电压记录在表 2 – 6 中。

表 2 – 6　横向位移 x 与电压 U 的关系

x/mm	0	0.05	0.10	0.15	0.20	…	6.0
U/V							

(5) 根据表 2 – 6 在 Excel 中绘制 $U-x$ 关系曲线。

(6) 计算出 $I_{max}×5\%$ 或者 $U_{max}×5\%$。

(7) 在得到的曲线中，找到 $I_{max}×5\%$ 或者 $U_{max}×5\%$ 所对应的 x_2 与 x_1。

(8) 根据式(2 – 24)，计算出光纤数值孔径 NA。

(9) 测量精度误差并分析。

(10) 关闭电源。

7) 利用上位机测量光纤数值孔径实验

(1) 把上位机软件更换为"FBKJ – CG – NA.exe"。

(2) 重复"光纤二维位移实验仪"实验实训 8)中步骤(1)～(8)。

(3) 计算出 $I_{max}×5\%$ 或者 $U_{max}×5\%$。

(4) 在得到的曲线中，找到 $I_{max}×5\%$ 或者 $U_{max}×5\%$ 所对应的 x_2 与 x_1。

(5) 根据式(2 – 24)，计算出光纤数值孔径 NA。

(6) 测量精度误差并分析。

(7) 关闭电源。

任务五　光纤微弯传感器

学习目标

★ 掌握光纤微弯传感器的原理；
★ 掌握光纤微弯传感器系统结构的组成；
★ 掌握光纤微弯传感器探头的设计与制作；
★ 掌握光纤微弯传感器的相关应用；
★ 掌握相关实验实训。

学习内容

2.5.1　光纤微弯传感器原理

1. 定义

当光纤状态发生变化时，会引起光纤中的模式耦合，其中有些导波模变成了辐射模，从而引起损耗，这就是微弯损耗。光纤的微弯损耗远大于光纤的宏弯损耗。光纤微弯传感器是通过外界因素导致光纤产生微弯变化，进而导致光纤输出光强变化来反映或者测量待测量变化的传感设备，属于非功能型光纤传感器。

2. 微弯效应

光纤的弯曲会引起光纤中的传导模与辐射模之间产生耦合，从而使一部分导模泄漏到包层中去，通过检测光纤纤芯中的传导光功率或包层中辐射模功率的变化，就能检测位移或压力的大小。引起微弯板位移的物理量可以是温度、压力、位移等。

3. 光模式强度调制原理

在光纤微弯传感器中，微弯处一般弯曲成正弦状，设微弯部分的空间周期为 Λ，振幅为 A，如图 2-44 所示。

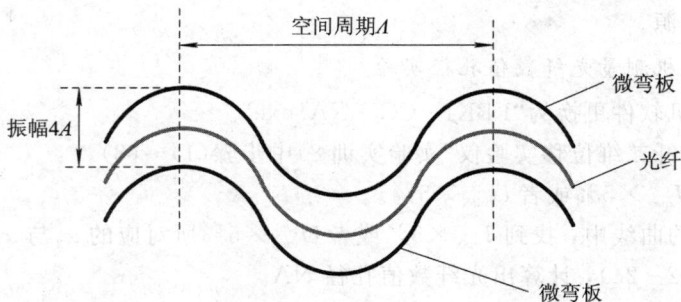

图 2-44　光模式强度调制原理图

当有外界因素作用在微弯板上时，将使光纤产生微小形变，光纤进而产生微弯损耗。微弯损耗的大小和空间周期、振幅、光纤种类、光纤弯曲形变大小等都有关。

4. 空间周期 Λ

如果光纤中两个模式的传播常数分别为 β_1、β_2，理论研究表明，光纤微弯板的空间周期 Λ 满足：

$$\Delta\beta = |\beta_1 - \beta_2| = \frac{2\pi}{\Lambda} \tag{2-25}$$

对于梯度型（抛物线或平方律）光纤而言，设纤芯的半径为 a，n_0、n_a 分别表示距离光纤轴为 0、a 处的折射率，相对折射率 Δ 为

$$\Delta = \frac{n_0^2 - n_a^2}{2n_0^2} \tag{2-26}$$

另外，对于抛物线折射率分布光纤而言，传播常数 β、相对折射率 Δ、纤芯半径 a 之间的关系为

$$\Delta\beta = \frac{\sqrt{2\Delta}}{a} \tag{2-27}$$

由以上三个式子得到抛物线折射率分布光纤微弯板（微弯变形器）的临界空间周期为

$$\Lambda_{\mathrm{pc}} = \frac{2\pi a}{\sqrt{2\Delta}} \tag{2-28}$$

对于阶跃型光纤而言，n_1、n_2 分别表示距离光纤纤芯、包层处的折射率，相对折射率 Δ 为

$$\Delta = \frac{n_1^2 - n_2^2}{2n_1^2} \tag{2-29}$$

对于阶跃型折射率分布光纤而言，传播常数 β、相对折射率 Δ、纤芯半径 a 之间的关系为

$$\Delta\beta = \frac{2\sqrt{\Delta}}{a} \tag{2-30}$$

由以上式子得到阶跃型折射率分布光纤微弯板（微弯变形器）的临界空间周期 Λ_{jc} 为

$$\Lambda_{\mathrm{jc}} = \frac{\pi a}{\sqrt{\Delta}} \tag{2-31}$$

5. 微弯传感器特性分析

图 2-45 所示为微弯传感器特性测试原理及曲线图。图中，x 为微弯变形器发生的位移；p 为作用在微弯变形器的外界压力；I_D 为经过光电探测器 PD 后输出的光电流。

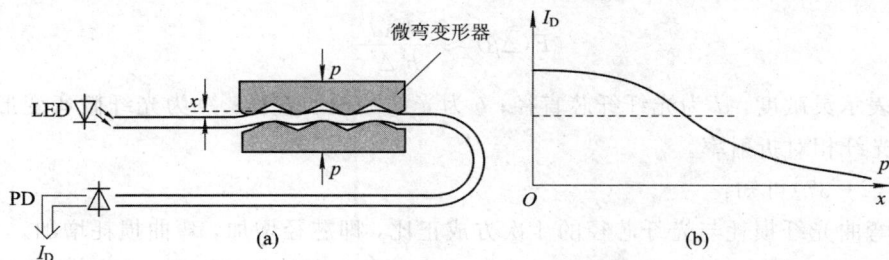

图 2-45　微弯传感器特性测试原理及曲线图

光纤从一对机械变形齿（即微弯变形器）中间通过，当变形器受到微扰（位移或压力）作用时，光纤沿轴线产生周期性微弯曲。当被测物理量变化引起微弯板在竖直方向上产生位移时，

将使光纤发生微弯变形，改变模式耦合，使纤芯中的光部分透入包层，造成传输损耗。

(1) 设施加于变形器的外界扰动为 ΔE，相应地施加于光纤的力为 ΔF，光纤的形变为 X，其相应的变化量为 ΔX，光纤的传输常数为 T，其相应的变化量为 ΔT，则有

$$\Delta T = \left(\frac{\Delta T}{\Delta X}\right)\Delta E \tag{2-32}$$

(2) 若由施加于光纤的力 ΔF 表示，则式(2-32)变为

$$\Delta T = \left(\frac{\Delta T}{\Delta X}\right)\Delta F\left(K_f + \frac{A_s Y_s}{l_s}\right)^{-1} \tag{2-33}$$

其中：K_f——微弯光纤的力学常数；

$\quad\ A_s$——光纤的横截面积；

$\quad\ Y_s$——光纤的杨氏模量；

$\quad\ l_s$——变形器的长度。

(3) 变形器将外界参量的改变 ΔE 以 ΔF 施加于传感光纤上，即 $\Delta F = \Delta p \cdot A_p$，其中 Δp 为外界压强变化量，A_p 为微弯板变形器受力面积。此时

$$\Delta T = \frac{\Delta T}{\Delta X}A_p\left(K_f + \frac{A_s Y_s}{l_s}\right)^{-1}\Delta p \tag{2-34}$$

(4) 对于具有高敏感的压力传感器来说，$\dfrac{A_s Y_s}{l_s}$ 非常小，因此式(2-34)可以简化为

$$\Delta T = \frac{\Delta T}{\Delta X}A_p K_f^{-1}\Delta p \tag{2-35}$$

(5) 对应于温度传感，设施加于变形器的外界扰动为 ΔE，表现在固定在变形器上的光纤长度发生了变化，因为变形器受热膨胀使得光纤被拉长，即 $\Delta E = a_s l_s \Delta\theta$，则式(2-32)可以变为

$$\Delta T = \frac{\Delta T}{\Delta X}a_s l_s \Delta\theta \tag{2-36}$$

其中：a_s——变形器的热膨胀系数；

$\quad\ \Delta\theta$——温度的改变量。

6. 光纤微弯传感器灵敏度的讨论

光纤微弯传感器的灵敏度很高，常用 F 表示，即

$$F(\Delta\beta) \approx \frac{64Ad^4}{b^2\Delta^2} \tag{2-37}$$

式中：F 表示灵敏度，d 为光纤纤芯直径；b 为光纤涂覆层直径；A 为光纤微弯变形器的面积；Δ 为光纤相对折射率。

从式(2-37)可知：

(1) 弯曲光纤损耗与光纤芯径的 4 次方成正比，即芯径增加，弯曲损耗增加。

(2) 弯曲损耗与光纤外径的平方成反比，因此要求光纤外径要小，但该参数只能适当考虑。

(3) 弯曲损耗与 Δ^2 成反比，因此要求光纤相对折射率 Δ 要小，即光纤的数值孔径越小越好，这不仅可增加弯曲损耗，而且还能提高光纤的传输带宽。

2.5.2 光纤微弯传感器探头的设计与扩展

光纤微弯传感器探头设计恰当与否对光纤微弯传感器灵敏度有很大影响,尤其微弯传感器变形齿间距(又称空间周期)对光纤微弯传感器灵敏度影响最大,其计算公式为

$$\Lambda_0 = \frac{2\pi}{\Delta\beta} = \left(1 + \frac{2}{g}\right)^{\frac{1}{2}} \cdot \frac{\pi a}{\sqrt{\Delta}} \cdot \left(\frac{M}{m}\right)^{\frac{g-2}{g+2}} \qquad (2-38)$$

式中:$\Delta\beta$——相邻模间的传播常数差;

a——纤芯半径;

g——折射率分布参数;

Δ——包层与纤芯相对折射率差;

M——模总数;

m——模序数。

对于 $a=2$,相邻模间的传播常数差是一常数。通过计算,可以得到共振条件下的齿周期,这时出现强烈的衰减损耗,即

$$\Delta\beta = \frac{2\pi}{\Lambda_c}, \qquad \Lambda_c = \frac{2\pi a}{(2\Delta)^{\frac{1}{2}}} \qquad (2-39)$$

图 2-46 中列出了几种不同周期的微弯变形器。

图 2-46 几种不同周期的微弯变形器

2.5.3 光纤微弯传感器的应用

1. 光纤微弯压力传感器

光纤微弯压力传感器的原理如图 2-47 所示。

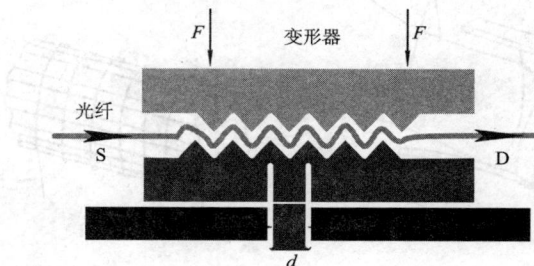

图 2-47 光纤微弯压力传感器的原理图

光纤被夹在一对锯齿板(即光纤微弯变形器)中间,当光纤不受力时,光线从光纤中穿过,没有能量损失。当锯齿板受外力作用而产生位移时,光纤将发生许多微弯,这时在纤

芯中传输的光在微弯处有部分散射到包层中。原来光束以大于临界角 θ_c 的角度 θ_1 在纤芯内传输，为全反射；但在微弯处 $\theta_2 < \theta_1$，一部分光将逸出，散射入包层中，如图 2-48 所示。当受力增加时，光纤微弯的程度也增大，泄漏到包层的散射光随之增加，纤芯输出的光强度相应减小。因此，通过检测纤芯或包层的光功率，就能测得引起微弯的压力、声压，或检测由压力引起的位移等物理量。

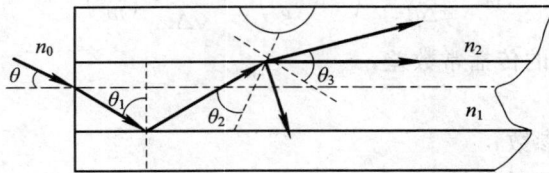

图 2-48 发生弯曲时光在光纤中传输原理图

2. 光纤微弯水声传感器（光纤微弯水听器）

光纤微弯水听器的示意图如图 2-49 所示。

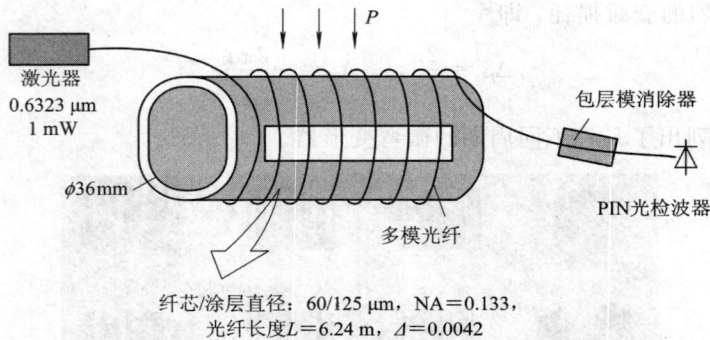

纤芯/涂层直径：60/125 μm，NA=0.133，
光纤长度 L=6.24 m，Δ=0.0042

图 2-49 光纤微弯水听器示意图

光纤微弯水听器是根据光纤微弯损耗导致光功率变化的原理而制成的。其原理如图 2-50 所示：两个活塞式构件受声压调制，它们的顶端是一带凹凸条纹的圆盘，受活塞推动而压迫光纤，光纤由于弯曲而损耗变化，这样输出光纤的光强受到调制，进而使得光电转换后电信号也受到调制，从而可以转换成声场的声压调制信号。

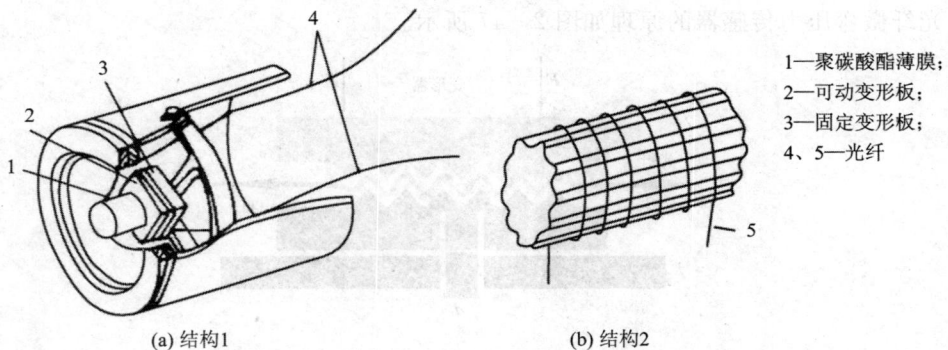

1—聚碳酸酯薄膜；
2—可动变形板；
3—固定变形板；
4、5—光纤

(a) 结构1   (b) 结构2

图 2-50 光纤微弯水听器结构原理图

3. 光纤微弯位移传感器

（1）由于光强与位移之间有一定的函数关系，所以利用微弯效应可以制成光纤位移传感器，如图 2-51 所示。

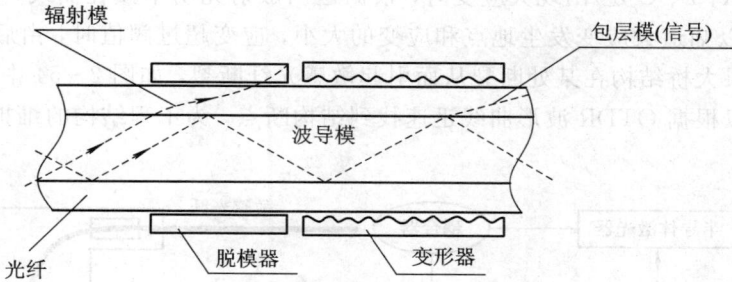

图 2-51　光纤微弯位移传感器

光纤微弯传感器属于光模式强度调制型光纤传感器，在实际应用中采取什么方式把多模光纤中的高阶模耦合进包层而衰减消耗是非常重要的，常用的是脱模器。

① 脱模器的作用。在进入探测器之前消除掉进入包层中的光，以保证只有纤芯中的光才能传到变形器和探测器。

② 脱模器的制作。在几厘米长的包层外表面上刷上黑漆，就可以完全吸收掉传入包层中的光（或者剥去外包层置于折射率匹配的小盒中）。

（2）光纤微弯位移传感器的结构如图 2-52 所示。氦氖激光器发射出来的光聚焦到阶跃型多模光纤的一端，此光纤没有涂覆层，数值孔径等于 0.22。在变形器前 5 cm 长的光纤上涂上黑色涂料，以便消除包层模中的光。

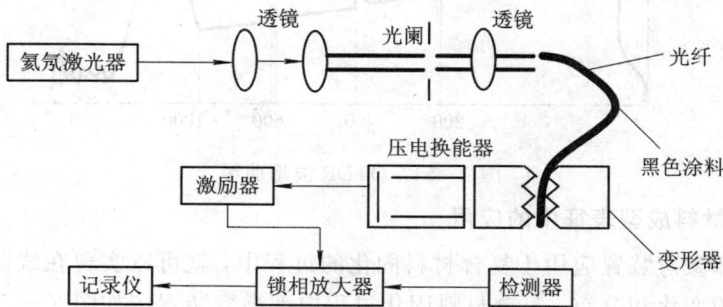

图 2-52　光纤微弯位移传感器结构图

微弯变形器由两块有机玻璃波纹板组成，每块波纹板共有 5 个波纹，每个波纹的长度为 3 mm。微弯变形器的一块波纹板可通过手动调节千分尺的方法使其相对另一块产生位移；另一块板可用压电式变换器使其产生动态位移。

用体积为 1 cm³ 的灌满甘油的检测器检测包层模中的光信号。该检测器的 6 个内表面安装着 6 个太阳能电池。检测器的直流输出用数字式毫伏表读数，而交流输出用锁相放大器检测，并由记录仪记录放大器的输出。

4. 基于 OTDR 原理的用于工程监测的光纤微弯应变传感器

针对各种工程结构应变场的各种应变情况，可设计出能测量和监测拉应变、压应变和拉压双向应变的光纤微弯传感系统。

基于 OTDR 技术的光纤微弯传感分布式应变监视系统（如图 2-53 所示）通过一根敏感光纤、多个微弯传感器就可以对大桥结构应变场进行实时在线监测，当某些点（如图 2-54 所示的 A、B、C 处）出现大应变时，根据返回散射光功率损耗曲线，即 OTDR 仪的波形曲线就可以知道大应变发生地点和应变的大小，应变超过阈值时，由后级处理电路出报警信号；如果大桥结构在某处断裂从而引起敏感光纤断裂，如图 2-54 中光纤在 1000 m 处有断点，可以根据 OTDR 波形曲线迅速找到结构断点，为工程结构的维护提供了依据和方便。

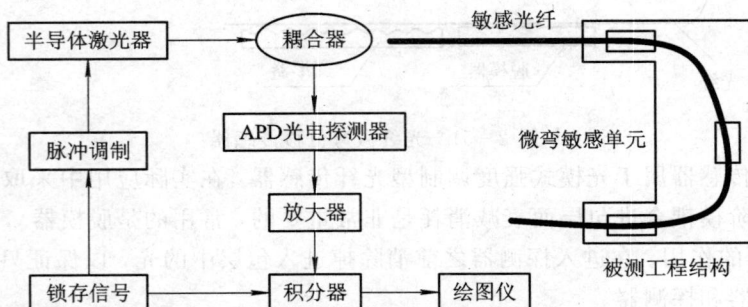

图 2-53 基于 OTDR 技术的光纤微弯传感分布式应变监视系统

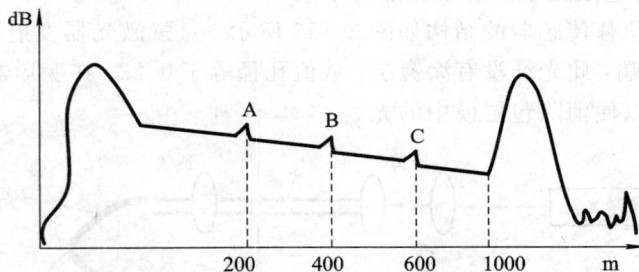

图 2-54 OTDR 波形曲线

5. 在复合材料成型表征中的应用

将这种内部微弯装置应用于复合材料固化的过程中，就可以实现在线的监测预浸料成型过程中压力的变化和分布。复合材料固化过程内部微弯装置图如图 2-55 所示。

图 2-55 复合材料固化过程内部微弯装置图

6. 光纤悬臂梁微弯测量传感器

如图 2-56 所示，设计一个拱型弹性膜片，在膜片上设计一对带齿，构成一个光纤微弯传感器的变形装置。拱型弹性膜片粘贴在悬臂梁上，当悬臂梁发生弯曲时，带动这一对带齿在光纤横向上（垂直于光纤方向）的微小位移，致使光纤弯曲。

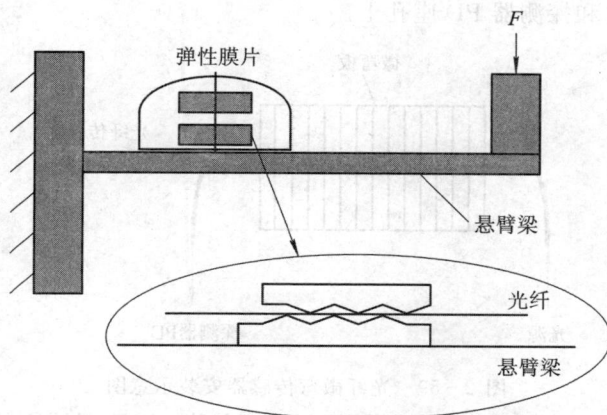

图 2-56 光纤悬臂梁微弯测量传感器

7. 用于编织复合材料中的应变检测

编织复合材料的编织工艺具有较高的灵活性，通过改变编织角、轴向纱、径向纱数目等工艺参数，将光纤同时编入材料中，可以形成许多内部微弯结构，并使光纤产生微弯损耗。由此，可以将光纤微弯传感器用于对编织复合材料内部应变、温度、振动以及成型工艺等的监测，如图 2-57 所示。

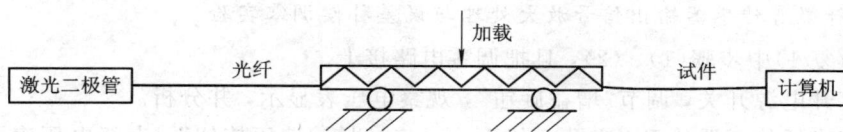

图 2-57 编制复合材料的光纤微弯应变检测系统

2.5.4 实验实训

本小节以武汉发博科技有限公司生产的光纤微弯实验仪（FBKJ - CG - WW）为例，如图 2-58 所示，进行以下实验实训。

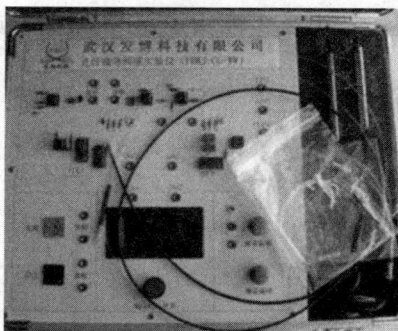

图 2-58 光纤微弯传感实验仪

1）光路与机械系统组装调试、发光二极管驱动及光电探测器 PD 接收实验

（1）按照图 2-59 把光纤微弯传感器安装在光纤微弯板上，发射端、接收端分别插入

实验板上的光源座孔和探测器 PD 座孔上。

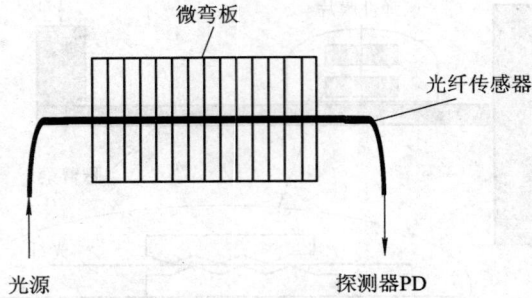

图 2-59 光纤微弯传感器安装示意图

（2）将发射和接收部分用导线按颜色对应接入电路，探测器输出信号处理电路不接调零电路，输出端 U_0 接入电压表。

（3）打开电源开关，把 PD 座孔上的光纤传感器拔下，查看光纤传感器有无光输出，进而分析发光二极管是否被驱动。

（4）确认光纤传感器有光输出时，把其插入 PD 座孔；用另外一块微弯板放在光纤上面，施加压力，观察电压表显示变化，分析光电探测器 PD 光电转换、接收功能如何。

（5）关闭电源。

2）光纤微弯传感器输出信号放大处理与误差补偿调零实验

（1）重复 1）中步骤(1)、(2)，且把调零电路接上。

（2）打开电源开关，调节"增益旋钮"，观察电压表显示，并分析。

（3）把光纤传感器从 PD 座孔上拔下，调节"调零/偏压旋钮"，直至电压表读数为零，分析输出信号放大处理与误差补偿调零原理。

（4）关闭电源。

3）比较同一光纤有无护套灵敏度实验

（1）重复 1）中步骤(1)、(2)，采用 ø1/2.2 mm 的光缆作为光纤传感器。

（2）完成误差补偿调零步骤。

（3）打开电源开关，用另外一块微弯板放在光纤上面，施加压力，观察并记录电压表读数变化，并分析。

（4）换上 ø1 mm 裸光纤微弯传感器，重复步骤(1)～(3)，保持压力大小不变。

（5）比较步骤(3)与(4)中电压表读数，判断灵敏度高低，分析原因。

（6）关闭电源。

4）比较同一光纤在不同空间周期个数的灵敏度实验

（1）重复 1）中步骤(1)、(2)，采用 ø1 mm 的光纤传感器。

（2）完成误差补偿调零步骤。

（3）打开电源开关，用另外一块微弯板放在光纤上面；在图 2-59 中，上、下微弯板重叠的空间周期 Λ 的个数分别为 1、3、5、7、9。在不同的空间周期下，施加相同的压力，观察并记录相应的电压表读数，填写在表 2-7 中，并分析。

表 2-7　不同空间周期 Λ 的个数与电压值

Λ	1	3	5	7	9
U/V					

（4）根据表 2-7 的结果，分析灵敏度高低与空间周期 Λ 的关系，并分析原因。

（5）关闭电源。

5）比较同一光纤在不同空间周期大小的灵敏度实验

（1）重复 1）中步骤（1）、（2），采用 ø1 mm 的光纤传感器。

（2）完成误差补偿调零步骤。

（3）准备空间周期 $\Lambda=1\Lambda jc$、$3\Lambda jc$、$5\Lambda jc$ 的微弯变形器各 1 套。

（4）在相同外界压力下，分别换上 $\Lambda=1\Lambda jc$、$3\Lambda jc$、$5\Lambda jc$ 的微弯变形器，分别记录相应的电压表读数，填写在表 2-8 中。

表 2-8　不同空间周期 Λ 大小与电压值

Λ	$1\Lambda jc$	$3\Lambda jc$	$5\Lambda jc$
U/V			

（5）根据表 2-8 的结果，分析灵敏度高低与空间周期 Λ 的关系，并分析原因。

（6）关闭电源。

6）比较不同类别光纤微弯传感器在同一光纤变形器上的灵敏度实验

（1）采用 ø1 mm 光纤微弯传感器，完成光路与机械系统组装调试、发光二极管驱动、光电探测器 PD 接收、放大处理、误差补偿调零实验。

（2）用外界压力 F 作用在光纤微弯变形器上面，记录电压值。

（3）换上 ø0.1 mm 光纤微弯传感器，保持外界压力不变，重复 6）中步骤（1）、（2）。

（4）根据步骤（2）与（3）的结果，比较不同光纤微弯传感器在相同外界压力、相同空间周期下的灵敏度，分析原因。

（5）关闭电源。

7）选作实验若干

（1）制作光纤微弯传感器。

（2）利用 AutoCAD 设计光纤传感器探头。

（3）用万能板或面包板分别搭建 LED 驱动电路、PD 检测电路与调零电路。

（4）光纤微弯变形器的制作。

任务六　光纤压力传感器

学习目标

★ 掌握光纤压力传感器的原理；

★ 掌握光纤压力传感器系统结构的组成；

★ 掌握光纤压力传感器探头的设计与制作；

★ 掌握光纤压力传感器的相关应用；
★ 掌握相关实验实训。

┌─────────────┐
│ 学习内容 │
└─────────────┘

2.6.1　光纤压力传感器原理

1. 定义

强度调制型光纤压力传感器根据光纤微弯原理，通过外界压力导致光纤产生微弯变化而引起光纤中的模式耦合，其中有些导波模变成了辐射模，从而引起损耗，进而导致光纤输出光强变化来反映或者测量外界压力大小。光纤压力传感器示意图见图 2-60。

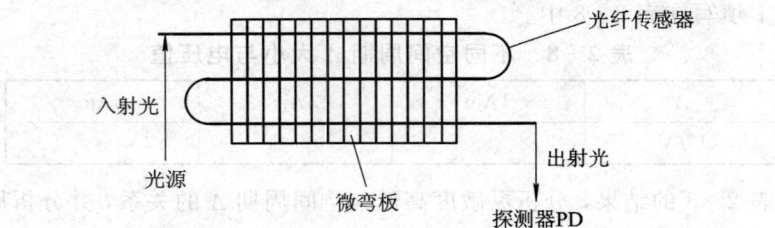

图 2-60　光纤压力传感器示意图

2. 压力测量原理分析

强度调制型光纤压力传感器采用了光纤微弯传感器原理，属于模式强度调制型光纤传感器。有关光模式强度调制原理与空间周期 Λ 已在"光纤微弯传感器"中做了阐述。

外界压力压在光纤上面就会导致光纤发生微小形变，进而使得输出光强发生变化，而输出光强 I 与输出电压 U 成正比，采用最小二乘法线性化处理后，得到外界压力 F 与电压 U 的关系为：

$$\left.\begin{array}{l} U = kF + b \\ U = kPS + b \end{array}\right\} \qquad (2-40)$$

其中：k 与 b 均为常数；S 为光纤微弯变形器横截面积；P 为作用在光纤微弯变形器上的外界压强；根据压力 F 与电压 U 呈线性关系，知道任意电压值 U 就能得知外界压力大小。

2.6.2　光纤压力传感器探头的设计与扩展

在光纤压力传感器探头设计中，传感器的空间周期以及空间布局很重要，既要考虑受力面积来增加灵敏度，同时应考虑节约光纤来降低成本。常见的探头设计有"U 型"及"圆环型"等形状。

2.6.3　光纤压力传感器的应用

采用具有硬中心的小位移平膜片作为光纤压力传感器中的微弯变形器，这样设计而成的光纤微弯压力传感器可以用来测量气体或液体的压力。气体或液体的压力作用在平膜片上，使得平膜片的硬中心产生微小位移，通过微弯传感器使得光纤中传输光产生损耗。检测输出光的变化，经光电转换及放大、运算、调理电路，从而获得压力的大小。

2.6.4 实验实训

本小节以武汉发博科技有限公司生产的光纤压力传感实验仪（FBKJ - CG - YL2）为例，如图 2-61 所示，进行以下实验实训。

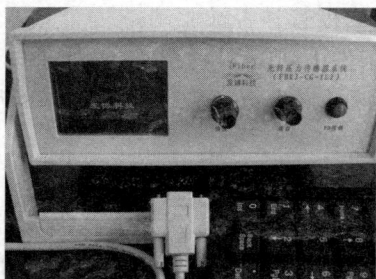

图 2-61 光纤压力传感器系统实物

1）光路与机械系统组装调试实验

光纤压力传感器与变形器实物如图 2-62 所示。

图 2-62 光纤压力传感器与变形器实物

（1）按照图 2-63 把光纤压力传感器安装在光纤微弯板上，将发射端、接收端分别插入实验板上的光源座孔和探测器 PD 座孔上。

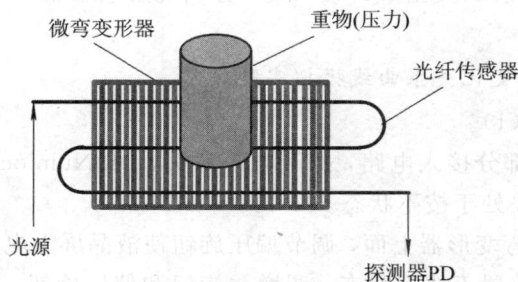

图 2-63 光纤压力传感器安装示意图

（2）将发射和接收部分接入电路（PD 控制开关处于开的状态，即图 2-61 中红色的 PD 控制开关处于按下状态）。

（3）打开电源开关，用另外一块微弯板放在光纤上面，施加压力，观察液晶屏上电压数值变化，并分析。

（4）关闭电源。

2）发光二极管驱动与 PD 接收实验

（1）重复 1）中步骤（1）。

（2）打开电源开关，按下键盘上"Numlock"键，控制 LED 的发光与不发光，观察液晶屏上电压数值变化，分析发光二极管是否被驱动。

（3）在保证 LED 发光的条件下，让 PD 控制开关处于按下状态，用另外一块微弯板放在光纤上面，施加压力，观察液晶屏上电压数值变化，并分析。

（4）关闭电源。

3）光纤压力传感器输出信号放大处理与偏压调零实验

（1）重复 1）中步骤（1）。

（2）将发射和接收部分接入电路，打开电源开关，用"Numlock"键控制发光管处于工作状态，让 PD 控制开关处于按下状态。

（3）调节增益旋钮，观察液晶显示屏上电压的变化，并分析。

（4）调节偏压旋钮，观察液晶显示屏上电压的变化，并分析。

（5）用键盘上的"Numlock"键关闭发光二极管，重复步骤（4），比较前后偏压调零电路结果有何不同，并分析原因。

（6）关闭电源。

4）抗外界环境光干扰实验

（1）重复 1）中步骤（1）。

（2）将发射和接收部分接入电路，打开电源开关，用"Numlock"键控制发光管处于工作状态，让 PD 控制开关处于按下状态。

（3）把光纤传感器从 PD 接口处拔下，用手捂住 PD 接口处以及松开手，分别观察液晶屏上电压数值有何变化，分析原因。

（4）在步骤（3）中，用其它光源照射 PD 接口处以及不照射 PD 接口处，分别观察液晶屏上电压数值有何变化，分析原因。

（5）把光纤传感器插入（拔出）PD 接口处，分别观察电压显示有何变化，分析原因。

（6）关闭电源

5）压力变化与电压变化关系曲线模拟实验

（1）重复 1）中步骤（1）。

（2）将发射和接收部分接入电路，打开电源开关，用"Numlock"键控制发光管处于工作状态，让 PD 控制开关处于按下状态。

（3）将空杯置于微弯变形器上面，调节偏压旋钮使液晶屏上电压数值为最小且不变。

（4）将 PD 控制开关置于按下状态，调增益旋钮和偏压旋钮，使液晶屏上电压显示值为 3500 左右。

（5）往重物容器中加水，加水的过程中注意不要碰撞重物，液面每增加 5 mm 记录一次电压值（按"Enter"键确认），把液面高度 h、压强 p 以及对应的电压值 U 记录在表 2-9 中，直至把容器里面的水加至 200 mm 左右。注意，输错数据时，可用键盘功能键修改。

表 2－9　外界压力 p 与电压 U 关系表

h/mm	0	5	10	15	…
$p/(Pa)$	0				
U/V	0				

（6）把表 2－9 的数据在 Excel 或者 MATLAB 中模拟出 $U-p$ 函数关系 $U=kp+b$ 曲线，因为光强 I 与电压 U 成正比，同时也得到 $I=kp+b$。

（7）观察液晶屏上曲线，比较两曲线异同，分析。

（8）关闭电源。

6）压力测量与精度验证实验

（1）按下马达按钮，抽干容器中的所有液体，包括吸管中的液体，等候 5～10 分钟直至液晶显示器上电压值比较稳定（目的是让光纤恢复形变）。

（2）重复 6）中的步骤（1）～（5），注意不要碰撞容器。

（3）按键盘"＊"键，观察液晶屏上曲线。

（4）再按键盘"＊"键，观察 $p-U$ 的仿真图像。

（5）再按下马达按钮，抽干容器中的所有液体，包括吸管中的液体，等候 5～10 分钟直至液晶显示器上电压值比较稳定（目的是让光纤恢复弹性形变）。

（6）往容器中加入液体，对照液晶上的电压，检测实际压力大小（每次抽水的时候必须抽干量筒，包括吸管中残留的液体）。

（7）关闭电源。

7）上位机的控制、处理与应用

（1）做好电路、光路、机械部分连接，串口线一端连接实验仪后面"串口端"，另外一端连接串口转 USB 接头，此接头 USB 端插入电脑 USB 接口。

（2）把上位机软件解压到同一目录下。

（3）把图 2－64 中软件复制到图 2－65 中的目录下。

图 2－64　安装软件示意图 1

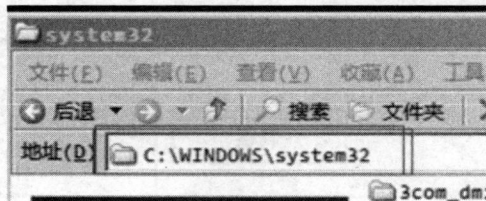

图 2－65　安装软件示意图 2

（4）点击"开始"，再点击"运行"，如图 2－66 所示。

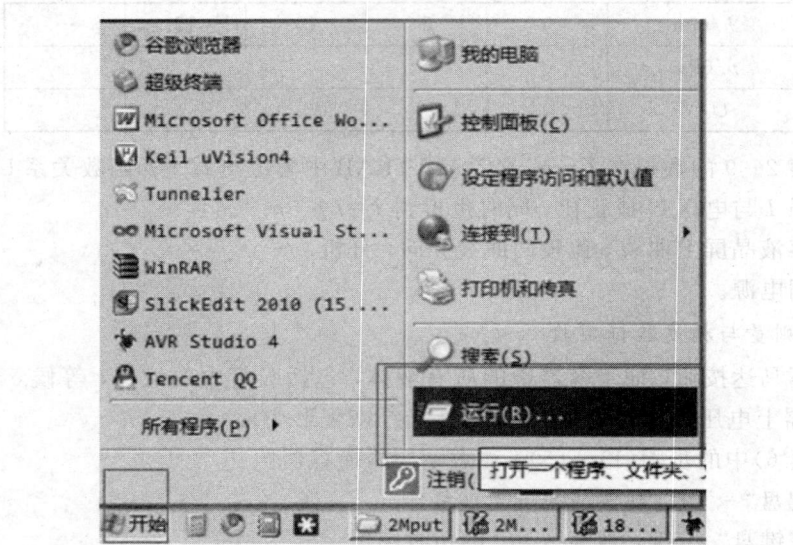

图 2－66　安装软件示意图 3

（5）在运行串口中输入命令，再点击"确定"，如图 2－67 所示。

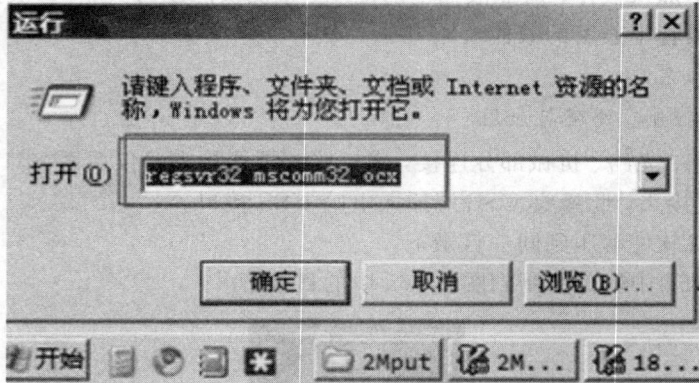

图 2－67　安装软件示意图 4

（6）当出现如图 2－68 所示的提示时，就可以使用了。

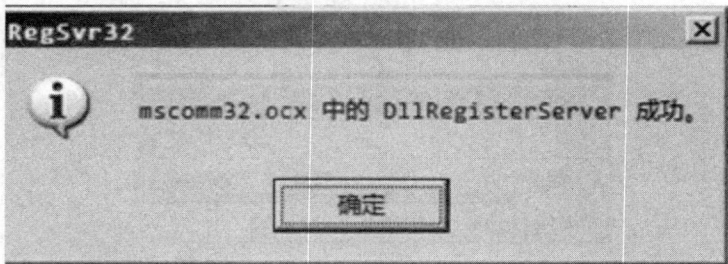

图 2－68　安装软件示意图 5

（7）点击桌名"FBKJ‑CG‑YL2．exe"图标（如图 2‑69 所示），打开运行文件。

图 2‑69　安装软件示意图 6

（8）点击"绘图"，然后按设备上的小键盘的 * 键，便开始绘图。也可以在操作视频帮助下实现自动采集实验数据、自动采集实验图像、完成全部实验，如图 2‑70 所示。

（9）关闭电源。

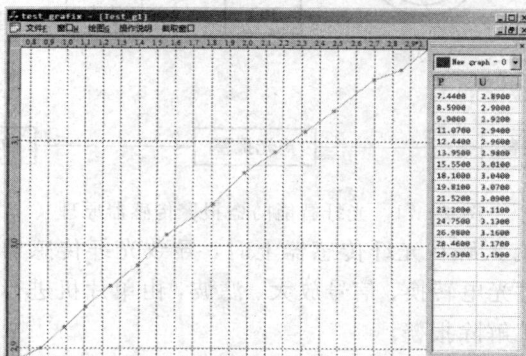

图 2‑70　安装软件示意图 7

任务七　光纤智能防盗报警传感器

学习目标

★ 掌握光纤智能防盗报警传感器的原理；
★ 掌握光纤智能防盗报警传感器系统结构组成；
★ 掌握光纤智能防盗报警传感器探头的设计与制作；
★ 了解光纤智能防盗报警传感器的相关应用；
★ 掌握相关实验实训。

学习内容

2.7.1　光纤智能防盗报警传感器的原理

1. 介绍

光纤智能防盗报警传感器把光纤微弯原理和红外光电对射原理相结合，当有人破门而入或者破窗而入时，报警器发出声光报警，通过设置多个探头还能判断是哪一个窗户有人闯入还是有人破门而入，进而把损失降低到最小，通过人为清零解除声光报警。光纤中传输光为冷光,不发热,没有电火花,非常安全。光纤智能防盗报警传感器属于模式强度调制型光纤传感器。

2. 基本原理

关于光模式强度调制原理与空间周期 Λ 原理已在"光纤微弯传感器"中做了阐述。

光纤智能防盗报警传感器的原理如图 2-71 所示。

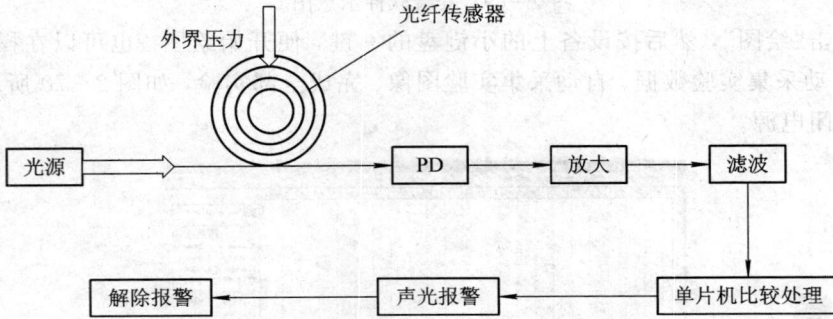

图 2-71 光纤智能防盗报警传感器原理

当有外界压力或者有人踩在光纤传感器上时,导致光纤传感器输出到光电探测器 PD 的光强 I 减弱,然后通过光电转换、信号放大、滤波,由单片机进行比较处理,给出声光报警,发现险情后可以人工解除报警。

光纤智能防盗报警传感器的声光报警装置与布防的光纤传感器探头之间距离可以达到几百米,可以远程监控并且耐污染,信号稳定不受电磁干扰,光纤智能防盗报警传感器可以置于户外恶劣环境中的防盗、强电环境中的防盗、易燃易爆的等环境中的防盗。

2.7.2 光纤智能防盗报警传感器探头的设计与扩展

根据现场布防要求,光纤智能防盗报警传感器探头可能的设计有多种形式,常见的探头形式见图 2-72 所示。图 2-72(a)为 U 字型设计形式,光纤之间间距为微弯变形器临界空间周期的奇数倍,可以增加灵敏度,且此结构布线比较方便。实际应用中此结构比较常见。图 2-72(b)为圆形设计形式,此结构固定光纤比较麻烦,且需要光纤数量很大,但灵敏度要高一些。

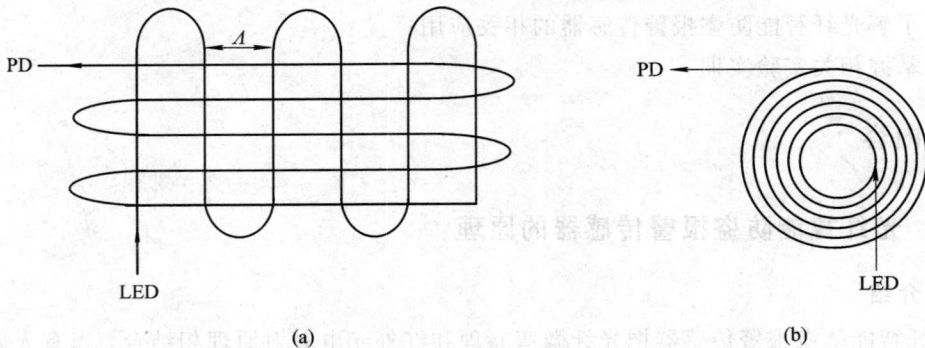

(a)　　　　(b)

图 2-72 光纤智能防盗报警传感器原理结构图

2.7.3　光纤智能防盗报警传感器的应用

光纤智能防盗报警传感器具有灵敏度高、灵敏度可调、误报率低、不易损坏、探头由光纤制成不带电且不具电磁干扰、光纤非常细具有很强隐蔽性等特点，广泛用于电力、石油、燃气、化工、城市公共事业等行业领域的安防，成为普通住宅、商住楼、博物馆、企事业单位等防盗报警理想安防产品。

2.7.4　实验实训

本小节以武汉发博科技有限公司生产的光纤烟雾与防盗报警实验仪（FBKJ - CG - YWFD）为例，如图 2 - 73 所示，进行以下实验实训。

图 2 - 73　光纤烟雾与防盗报警实验仪

1）光路与机械系统组装调试实验

（1）安装光纤传感器，把输入光纤、输出光纤分别插入实验板上的光源座孔和探测器 PD 座孔上。

（2）打开电源开关，观察显示电压值的变化，并分析。

（3）关闭电源。

2）发光二极管驱动与 PD 接收实验

（1）重复 1）中步骤（1）。

（2）打开电源开关，观察电压值；拔下实验仪上光源座孔处的光纤，观察电压值，分析发光二极管是否被驱动。

（3）拔下实验仪上 PD 座孔处的光纤，观察电压值；然后再把光纤插上 PD 座孔，观察电压值，分析光电探测器 PD 接收机理。

（4）关闭电源。

3）光纤智能防盗报警传感器输出信号放大处理实验

（1）重复 1）中步骤（1）。

（2）打开电源开关，观察电压值；调节"增益旋钮"，观察显示电压值的变化，并分析。

（3）关闭电源。

4）光纤智能防盗报警传感器原理

（1）重复 1）中步骤（1），打开电源开关。

（2）同时在光源与 PD 接口处插上 2 个光纤智能防盗报警传感器探头（如图 2 - 72（a）

所示），分别记录下对应的电压值。

（3）用外界压力作用在 2 个变形器上，观察电压值的变化，判断产生声光报警时的电压临界值。

（4）解除声光报警。

（5）关闭电源。

5）光纤智能防盗报警传感器模拟工程布防

（1）在 4）的基础上，分别插上图 2 - 72(a)所示光纤智能防盗报警探头各 4 个。

（2）根据布防区域空间结构与距离长短，把以上 4 个探头分别布置在相应的位置。

（3）外界压力分别作用在任意一个探头（或者几个探头），根据声光报警判断实验仪给出报警探头位置与实际报警探头是否吻合。

（4）解除声光报警。

（5）分析工程布防需要注意事项及光纤智能防盗报警探头选择的条件及注意事项。

（6）关闭电源。

6）光纤智能防盗报警传感器灵敏度实验

（1）在光源与 PD 座孔分别插上图 2 - 72(a)中不同空间周期 Λ 的光纤智能防盗报警探头各 2 个。

（2）重复 4）中步骤（1）、（3）。

（3）分别记录 2 个探头报警时需要的外界压力值，比较不同空间周期 Λ 的光纤智能防盗报警灵敏度高低。

（4）解除声光报警。

任务八　光纤液位传感器

学习目标

★ 掌握光纤液位传感器的原理；

★ 掌握光纤液位传感器系统结构组成；

★ 掌握光纤液位传感器探头的设计与制作；

★ 掌握光纤液位传感器的相关应用；

★ 掌握相关实验实训。

学习内容

2.8.1　光纤液位传感器原理

1. 定义

光纤液位传感器通过液体压力导致光纤产生微弯变化，进而导致光纤输出光强变化来反映或者测量被测液位高度变化，属于模式强度调制型光纤传感器。

2. 光纤液位传感器基本原理分析

强度调制型光纤液位传感器采用了光纤微弯传感原理，有关光模式强度调制的原理与空间周期 Λ 的分析已经在"光纤微弯传感器"中做了阐述。

3. 光纤液位传感器测量液位原理

液体压力压在光纤上面就会导致光纤发生微小形变，进而使得输出光强发生变化，而输出光强 I 与输出电压 U 成正比，采用最小二乘法线性化处理后，得到容器中液体的高度 h 与电压 U（或光纤传感器输出光强 I）关系为

$$U = k\rho ghS + b \tag{2-41}$$

其中：k 与 b 均为常数，ρ 为液体密度，g 为重力加速度，h 为液体高度。由式（2-41）可知，液体高度与光强 I（或电压 U）成线性关系，根据 h 与电压 U 的函数关系，知道任意电压值 U 就能得知液体高度值 h。

2.8.2　光纤液位传感器探头的设计与扩展

光纤液位传感器示意图见图 2-74。在光纤液位传感器探头设计中，传感器的空间周期以及空间布局很重要，既要考虑受力面积来增加灵敏度，同时考虑节约光纤来降低成本，另外还要考虑密封防水，考虑光纤能承受的极限。常见的探头设计有"U 型"以及"圆环型"等形状。

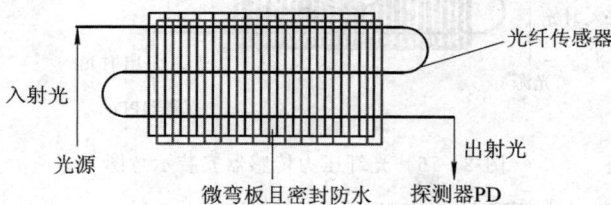

图 2-74　光纤液位传感器示意图

2.8.3　光纤液位传感器的应用

光纤液位传感器因其测量精度高、体积小、不带电、无污染，广泛用于容器内普通液体液位测量、酒精液位测量、油罐内液位高度的测量，特别是用于高温液体液位测量以及超低温液体液位的测量。

2.8.4　实验实训

本小节以武汉发博科技有限公司生产的高精度光纤液位测量传感器系统（FBKJ-CG-YC2）为例，如图 2-75 所示，进行以下实验实训。

1）光路与机械系统组装调试实验

（1）按照图 2-76 把光纤液位传感器安装在光纤微弯板上，发射端、接收端分别插入实验板上的光源座孔和探测器 PD 座孔上。

（2）将发射和接收部分接入电路（PD 控制开关处于开的状态）。

（3）打开电源开关，用另外一块微弯板放在光纤上面，施加压力，观察液晶屏上电压

数值变化，并分析。

（4）关闭电源。

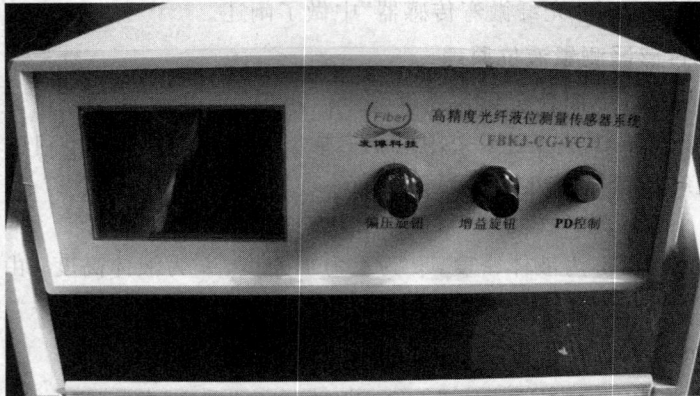

图 2-75 高精度光纤液位测量传感器系统实物图

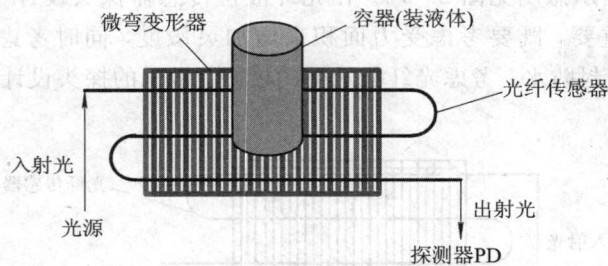

图 2-76 光纤压力传感器安装示意图

2）发光二极管驱动与 PD 接收实验

（1）重复 1）中步骤（1）。

（2）打开电源开关，按下键盘上"Numlock"键控制 LED 的发光与不发光，观察液晶屏上电压数值变化，分析发光二极管是否驱动。

（3）保证 LED 发光条件下，让 PD 控制开关分别处于开状态，用另外一块微弯板放在光纤上面，施加压力，观察液晶屏上电压数值变化，并分析。

（4）关闭电源。

3）光纤液位传感器输出信号放大处理与偏压调零实验

（1）重复 1）中步骤（1）。

（2）将发射和接收部分接入电路，打开电源开关，用"Numlock"键控制发光管处于工作状态，PD 控制开关处于开工作状态。

（3）调节增益旋钮，观察液晶显示屏上电压变化，并分析。

（4）调节偏压旋钮，观察液晶显示屏上电压变化，并分析。

（5）用键盘上"Numlock"键关闭发光二极管，重复步骤（4），比较前后偏压调零电路结果有何不同，并分析原因。

（6）关闭电源。

4) 抗外界环境光干扰实验

(1) 重复 1)中步骤(1)。

(2) 将发射和接收部分接入电路，打开电源开关，用"Numlock"键控制发光管处于工作状态，PD 控制开关处于开工作状态。

(3) 把光纤传感器从 PD 接口处拔下，用手捂住 PD 接口处以及松开手，分别观察液晶屏上电压数值有何变化，分析原因。

(4) 在步骤(3)中，用其它光源照射 PD 接口处以及不照射 PD 接口处，分别观察液晶屏上电压数值有何变化，分析原因。

(5) 把光纤传感器插入(拔出)PD 接口处，分别观察电压显示有何变化，分析原因。

(6) 关闭电源。

5) 液位变化与电压变化关系曲线模拟实验

(1) 重复 1)中步骤(1)。

(2) 将发射和接收部分接入电路，打开电源开关，用"Numlock"键控制发光管处于工作状态，PD 控制开关处于开工作状态。

(3) 将空杯置于微弯板，调节偏压旋钮使液晶屏上电压数值为最小且不变。

(4) 将控制开关处于工作状态，调增益旋钮和偏压旋钮，使液晶屏上电压显示值为 3500 左右。

(5) 往重物容器中加水，加水的过程中注意不要碰撞重物，液面每次增加 5 mm 记录一次电压值(按"Enter"键确认)，把液面高度 h 以及对应的电压值 U 记录在表 2 - 10 中，直至把容器里面的水加至 200 mm 左右。注意，当输错数据时，可用键盘功能键修改。

表 2 - 10　液位高度 h 与电压 U 关系表

h/mm	0	5	10	15	...
U/V	0				

(6) 把表 2 - 10 的数据在 Excel 或者 MATLAB 中模拟出 $U-P$ 函数关系 $U=kp+b$ 曲线，因为光强 I 与电压 U 成正比，同时也得到 $I=k\rho gh+b$。

(7) 观察液晶屏上曲线，比较两曲线异同，分析。

(8) 关闭电源。

6) 液位测量与精度验证实验

(1) 按下马达按钮，抽干容器中的所有液体，包括吸管中的液体，等候 5～10 分钟直至液晶显示器上电压值比较稳定(目的是让光纤恢复形变)。

(2) 重复 5)中的步骤(1)～(5)，注意保持量筒不动。

(3) 按键盘"＊"键，观察液晶屏上曲线。

(4) 再按键盘"＊"键，观察 $h-U$ 的仿真图像。

(5) 按下马达按钮，抽干容器中的所有液体，包括吸管中的液体，等候 5～10 分钟直至液晶显示器上电压值比较稳定(目的是让光纤恢复形变)。

(6) 往容器中加入液体，对照液晶上的电压，检测实际液位大小与显示的液位高度 h 值对比(每次抽水的时候必须抽干量筒，包括吸管中残留的液体)。

（7）关闭电源。

7）上位机控制、处理与应用

（1）做好电路、光路、机械部分连接，串口线一端连接实验仪后面"串口端"，另外一端连接串口转 USB 接头，此接头 USB 端插入电脑 USB 接口。

（2）把上位机软件解压到同一目录下。

（3）把图 2－77 中软件复制到图 2－78 中的目录下。

图 2－77　安装软件示意图 1

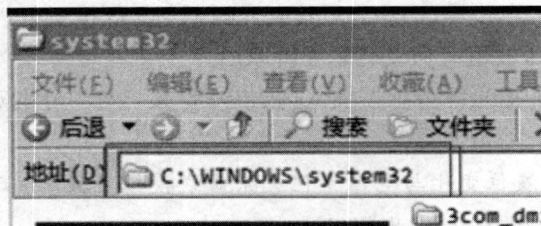

图 2－78　安装软件示意图 2

（4）点击"开始"，再点击"运行"，如图 2－79 所示。

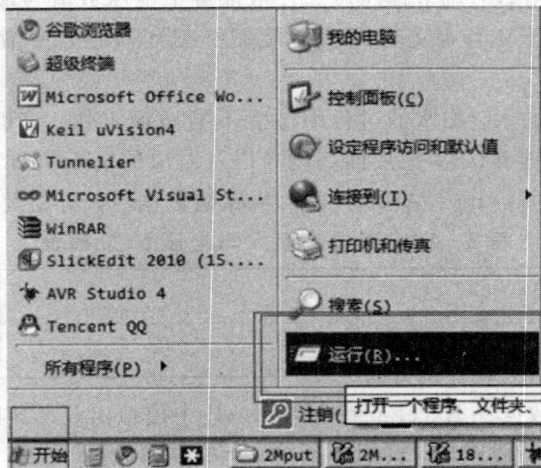

图 2－79　安装软件示意图 3

（5）在运行串口中输入命令，再点击"确定"，如图 2－80 所示。

图 2－80　安装软件示意图 4

（6）当出现如图 2 - 81 所示的提示时，就可以使用了。

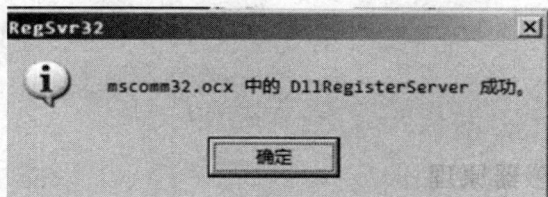

图 2 - 81　安装软件示意图 5

（7）点击桌名"FBKJ - CG - YC2. exe"图标（如图 2 - 82 所示），打开运行文件。

图 2 - 82　安装软件示意图 6

（8）点击绘图，然后按设备上的小键盘的＊键开始绘图，也可以在操作视频帮助下实现自动采集实验数据、自动采集实验图像、完成全部实验，如图 2 - 83 所示。

（9）关闭电源。

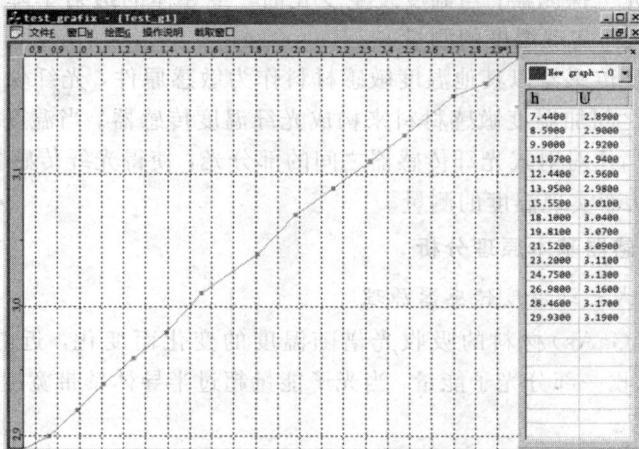

图 2 - 83　安装软件示意图 7

任务九　光纤温度传感器

学习目标

★ 掌握光纤温度传感器原理；

★ 掌握光纤温度传感器系统结构组成；

★ 掌握光纤温度传感器探头的设计与制作；

★ 掌握光纤温度传感器的相关应用；

★ 掌握相关实验实训。

学习内容

2.9.1 光纤温度传感器原理

1. 简介

在一些特殊场合如易燃易爆、高电压、强磁场和具有腐蚀性的条件下，传统的温度传感器或者电类温度传感器易受到干扰，器件也易损坏。光纤具有抗电磁干扰、耐腐蚀、低损耗传输等特性，使用光纤温度传感器探头可使光纤温度传感器的其他相关器件远离现场，避开了恶劣的环境，可实现长期的、稳定的温度测量。光纤温度传感器探头很小，又可以适应狭窄的工作空间。

强度调制型光纤温度传感器一般分为半导体吸收式光纤温度传感器和对射式光纤温度传感器。

半导体吸收式光纤温度传感器利用半导体材料吸收光谱随温度变化的特性来实现温度的测量。当光源发出的光经过光纤传送至半导体材料时，材料会吸收光子能量，透射光经过接收光纤传送至光电探测器；当温度发生变化时，半导体的透射率降低，接收光纤接收到的光强度减小，从而实现温度的测量。

对射式光纤温度传感器以其他温度敏感材料作为敏感原件，光纤仅仅用于传输光。在对射式光纤传感器之间加温度敏感材料来构成光纤温度传感器。当温度变化时，温度敏感材料将产生形变而挡住对射式光纤传感器之间部分光，使得光纤传感器的输出光强随着温度变化而变化，从而实现温度的测量。

2. 光纤温度传感器基本原理分析

1）半导体吸收式光纤温度传感器原理

半导体砷化镓（GaAs）材料的吸收光谱随温度的变化而变化，近红外光通过半导体 GaAs 时，材料会吸收一部分光子能量，当光子能量超过半导体禁带宽度 $E_g(T)$ 时，传输光的波长发生变化，有

$$\lambda_g(T) = \frac{hc}{E_g(T)} \qquad (2-42)$$

式中：$\lambda_g(T)$——半导体的吸收波长；

h——普朗克常数；

c——光速；

$E_g(T)$——温度的函数，当温度升高时，半导体禁带宽度 $E_g(T)$ 单调下降，则半导体的吸收波长 $\lambda_g(T)$ 变大，即向长波长移动，故温度升高时波长 λ 大的光容易透过 GaAs，并且研究表明波长 $\lambda = 880$ nm 的光最容易透过半导体 GaAs，如图 2-84 所示。

半导体材料的吸收系数 $\alpha(T)$ 可表示为

$$\alpha(T) = k\sqrt{h\nu - E_g(T)} \qquad (2-43)$$

其中：k 为常数。

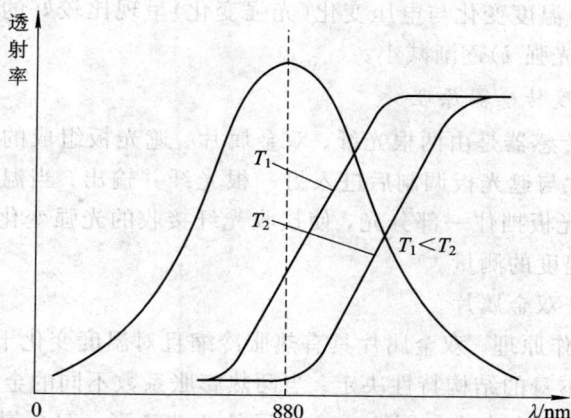

图 2-84　GaAs 的透射率随温度变化的特性

半导体 GaAs 的透光率 $t(\lambda, T)$ 与反射系数 R、吸收系数 $\alpha(T)$、温度 T 的关系为

$$t(\lambda, T) = (1-R)\exp[-\alpha(T)l] \qquad (2-44)$$

其中：l 为半导体 GaAs 的厚度。

设输入光纤的输出光强为 I_0，经过半导体材料 GaAs 后，接收光纤接收到的光强 $I(T)$ 为

$$I(T) = I_0(1-R)\exp[-\alpha(T)l] \qquad (2-45)$$

当温度变化时，接收光纤接收到的光强 $I(T)$ 也随温度变化，测出接收光纤接收到的光强 $I(T)$ 的大小就能知道待测温度的大小。

光纤温度传感器通过光电转换设备把光纤传感器输出的光信号转换成电信号进行分析测量。在光电转换中，光电探测器接收的光强 I 与其输出的电压 U 呈线性关系，所以，温度 T－电压 U 关系即为温度 T－光强 I 关系。实验研究得到温度 T－电压 U 关系图如图 2-85 所示。

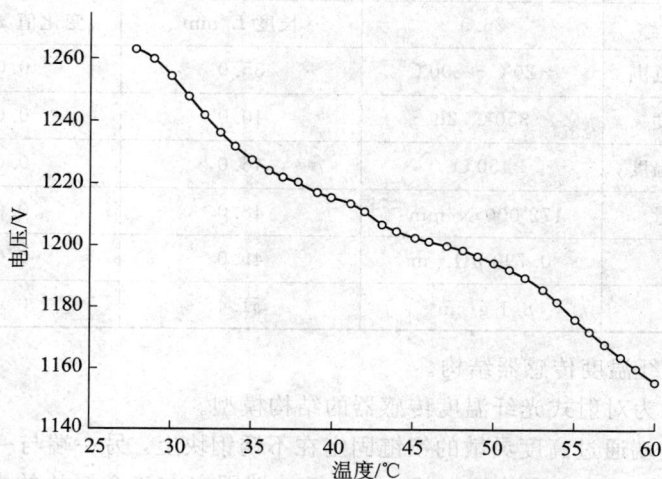

图 2-85　半导体吸收式光纤温度传感器中温度变化与电压变化关系

由图 2-85 可知，温度变化与电压变化（光强变化）呈现比较好的线性关系，当温度 T 升高时，电压 U（透过光强 I）逐渐减小。

2）对射式光纤温度传感器原理

对射式光纤温度传感器是由两根光纤、双金属片、遮光板组成的，光信号从其中一根光纤输入，经双金属片与遮光板调制后进入另一根光纤并输出；当温度变化时，双金属片发生形变进而推动遮光板挡住一部分光，使接收光纤接收的光强变化，即光强随温度变化而变化，从而实现对温度的测量。

（1）感温元件——双金属片。

① 双金属片的工作原理。双金属片具有热胀冷缩且对温度变化十分敏感的特性，并且其热膨胀系数由金属本身的结构特性决定。当两热膨胀系数不同的金属（或合金）粘结在一起时，随着温度的变化就会产生如图 2-86 所示的弯曲变形。双金属片变形前如图 2-86（a）所示；变形后，双金属片的形状以及弯曲度都发生了改变，如图 2-86（b）所示。

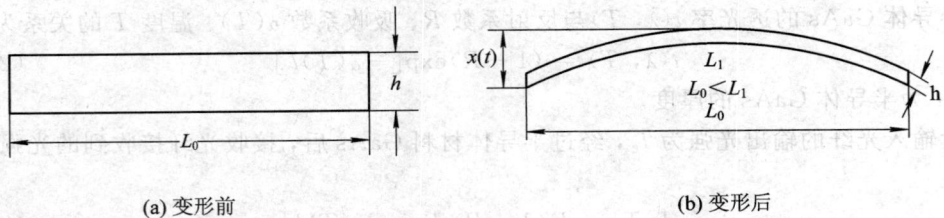

(a) 变形前　　　　　　　　　　　　　　　(b) 变形后

图 2-86　双金属片感温特性

② 双金属片的有关参数。例如，我们采用的双金属片为铁镍合金，感温灵敏度根据长度可调，线性温度变化范围为 $-20℃\sim200℃$，稳定温度为 $350℃/2h$，最高使用温度为 $450℃$，具体参数见表 2-11。

表 2-11　双金属片的参数

参量	参数	温度变化 1℃时，双金属片的弯曲变化值	
		长度 L/mm	变化值 $x(t)/mm$
温曲率	26.5	35.0	0.023
线性温度范围	$-20℃\sim200℃$	40.0	0.030
稳定温度	$350℃/2h$	46.0	0.040
最高使用温度	$450℃$	48.0	0.044
弹性模量	$172\,000\ N/mm^2$	49.0	0.045
电阻率	$0.790\ \mu\Omega\cdot m$	51.4	0.050
密度	$8.1\ g/cm^2$		

（2）对射式光纤温度传感器结构。

图 2-87 所示为对射式光纤温度传感器的结构模型。

双金属片的一端通过高度灵敏的铰链固定在不锈钢块上，另一端与一块质量很轻的滑块相连，其工作点位于双金属片的中部。遮光板一端固定在该金属片的中央，并垂直插在两光纤之间；当双金属片受热变形时，带动滑块在滑槽内左右运动（其自由端无上下位移），而固定在双金属片中央的遮光板则在两光纤之间上下移动；当光信号通过输入光纤

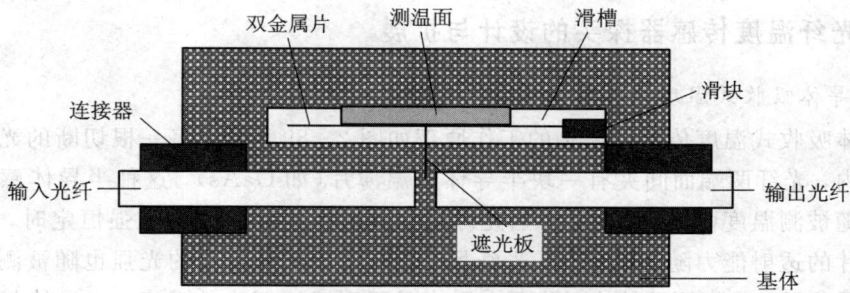

图 2-87 对射式光纤温度传感器结构

进入传感头，继而通过遮光板时，光强度受到温度的调制，由输出光纤接收经过调制后的光信号，从而达到测温的目的。

影响光接收效率的因素有三点：光纤与陶瓷薄片之间的界面反射系数；入射光纤与出射光纤端面之间的距离；光波的波长。

在温度场中，温度探头除了由双金属片的形变改变光通量外，还具有以下温度特性：

① 随着双金属片因温度上升而导致变形量的增大，从而带动遮光板插入两光纤之间的程度加深，挡光片两侧对光的反射强度也将进一步增大，因此接收光纤接收到的光强比理想状态下的理论值要小。

② 入射光纤与出射光纤端面之间的距离也将影响光功率的接收效率。因为考虑到成本因素，使用的是多模塑料光纤，其折射率和热稳定性都较石英光纤差，如果温度探头在温度场中工作时，两光纤间的距离随着温度的变化而改变，则输出光纤接收到的光功率必然发生改变。

③ 由于挡光片的参数要求和制作特点，两光纤端面不能靠得很近，随着距离的增加，传感头的接收效率将明显降低。

（3）温度特性曲线。

对射式光纤温度传感器的温度特性曲线如图 2-88 所示。

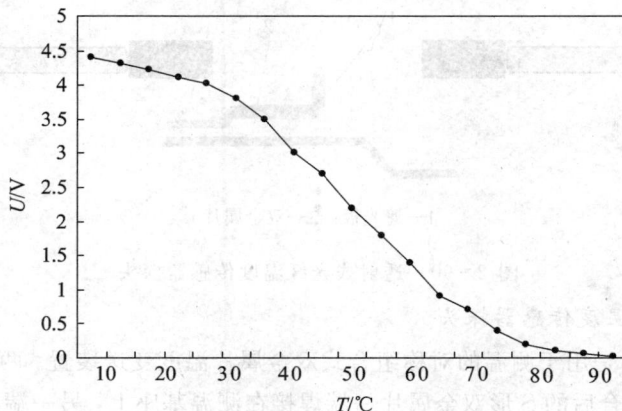

图 2-88 对射式光纤温度传感器的温度特性曲线

2.9.2 光纤温度传感器探头的设计与扩展

1) 半导体吸收式温度传感器探头

半导体吸收式温度传感器探头的工作原理如图 2-89 所示。将一根切断的光导纤维装在细钢管内,光纤两端面间夹有一块半导体感温薄片(如 GaAs),这种半导体感温薄片的透射光强随被测温度而变化。因此,当光源耦合进输入光纤一端的光强恒定时,由于半导体感温薄片的透射能力随温度变化,光纤另一端接收元件所接收的光强也随被测温度而改变。于是通过测量光探测器输出的电量,便能遥测到感温探头的温度。半导体材料的光透过率特性曲线随温度的增加向长波方向移动,如果适当选定一种在该材料工作波长范围内的光源,那么就可以使透射过半导体材料的光强随温度而变化,探测器检测输出光强的变化即达到测量温度的目的。

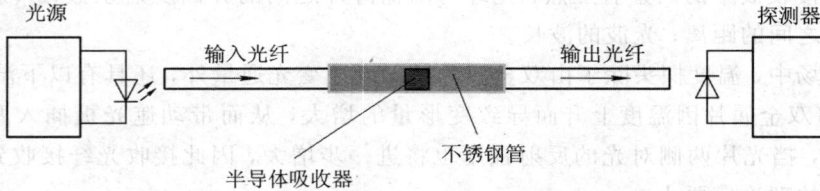

图 2-89 半导体吸收式温度传感器探头

2) 对射式光纤温度传感器探头

对射式光纤温度传感器探头的工作原理如图 2-90 所示。双金属片一端通过高度灵敏的铰链固定在不锈钢块上,另一端与一质量很轻的滑块相连,其工作点位于双金属片的中部。遮光板一端固定在该金属片的中央,并垂直插在两光纤之间;当双金属片受热变形时,带动滑块在滑槽内左右运动(其自由端无上下位移),而固定在双金属片中央的遮光板则在两光纤之间上下移动;当光信号通过入射光纤进入传感头,继而通过挡光片时,光强度受到温度的调制,由出射光纤接收经过调制后的光信号,从而达到测温的目的。

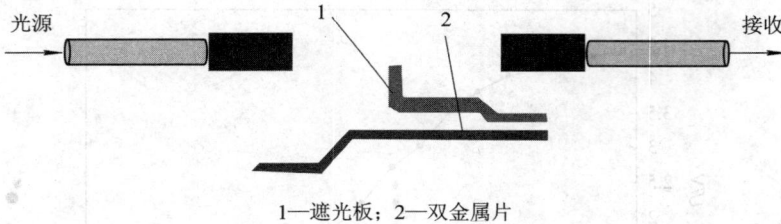

1—遮光板;2—双金属片

图 2-90 透射式光纤温度传感器探头

3) 补偿式光纤温度传感器探头

图 2-91 给出的是用于测温的对称组合式双金属片温度变送装置。两个 U 形双金属片反转对称焊成一体,组合后的 S 形双金属片一端焊接在测温基座上,另一端与一个反射体相连。当温度变化时,双金属片的自由移动端带动反射体作水平方向的移动,调制反射接收光纤的光信号,从而实现了反射式光纤温度的测量。由于这种双金属温度变送装置是由两个相同的双金属片反转对称组合而成的,因此与单一的双金属结构相比,其性能会有所改善。

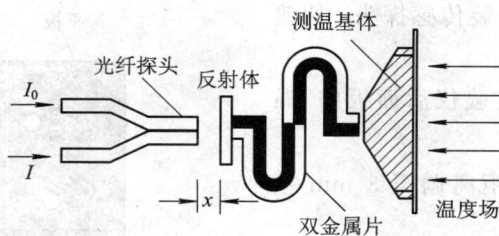

图 2-91　补偿式光纤温度传感器探头

2.9.3　光纤温度传感器的应用

1) 光纤温度开关

图 2-92 为一种简单的利用水银柱升降原理设计的光纤温度开关,可用于对设定温度的控制,温度设定值灵活可变。

2) 遮光式光纤温度计

根据图 2-90 可以制成遮光式光纤温度计。当温度升高时,双金属片的变形量增大,带动遮光板在垂直方向产生位移,从而使输出光强发生变化。这种形式的光纤温度计能测量 $10℃\sim100℃$ 的温度,检测精度约为 $0.1℃$。它的缺点是输出光强受壳体振动的影响,且响应时间较长,一般需几分钟,并且结果受到材料迟滞特性影响。

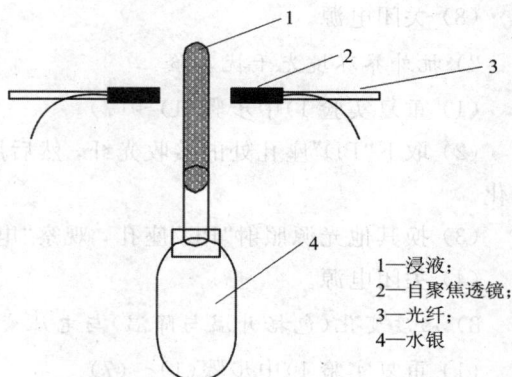

1—浸液;
2—自聚焦透镜;
3—光纤;
4—水银

图 2-92　水银柱式光纤温度开关

2.9.4　实验实训

本小节以武汉发博科技有限公司生产的光纤温度传感实验仪(FBKJ-CG-WD2)为例,如图 2-93 所示,进行以下实验实训。

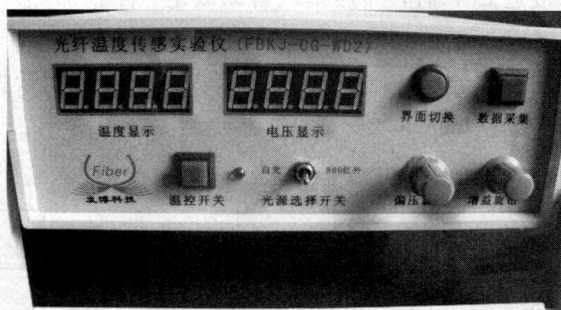

图 2-93　光纤温度传感实验仪

1) 光路与机械系统组装调试实验

(1) 按照图 2-94 安装光纤传感器,把输入光纤、输出光纤分别插入光纤温度传感实验仪侧面的"白光"座孔和"PD"座孔上,金属管一端安装在光纤卡架上。

（2）按照图 2-94 安装传感探头，使遮光片面与光纤端面垂直。

（3）将串口线接入实验仪后面板的"温度串口"RS232 上。

（4）将两光纤间的距离调至 3 mm 左右，然后固定光纤。

（5）打开电源开关，观察"电压显示"与"温度显示"。

（6）调节"偏压旋钮"，将电压调至"0000"。

（7）将"光源选择开关"拨向"白光"一端，再观察"电压显示"。

（8）关闭电源。

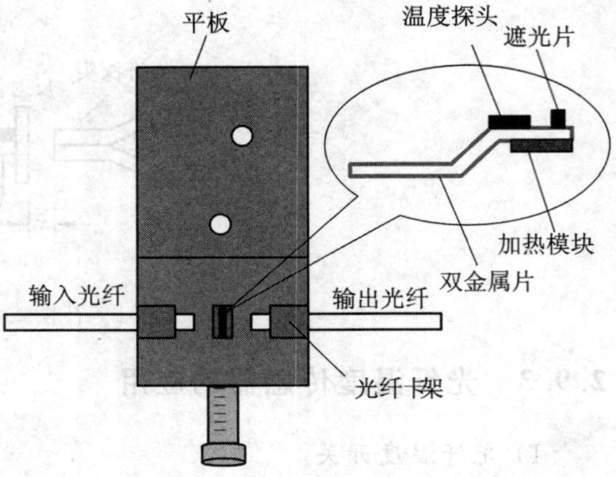

图 2-94 光纤温度传感探头结构示意图

2）抗外界环境光干扰实验

（1）重复实验 1）中步骤（1）～（7）。

（2）取下"PD"座孔处的接收光纤，然后用日光灯照射"PD"座孔，观察"电压显示"有何变化。

（3）换其他光源照射"PD"座孔，观察"电压显示"有何变化。

（4）关闭电源。

3）温度变化（包括升温与降温）与电压变化关系实验

（1）重复实验 1）中步骤（1）～（7）。

（2）调节"增益旋钮"，将电压调至 1.8 V 左右。

（3）按下"温控开关"，加热红色指示灯亮，表示加热模块通电，传感探头开始加热，同时观察"温度显示"和"电压显示"的变化。

（4）当电压值下降接近 0 V 后，加热模块自动断电，停止加热。（当温度超过 90℃时，加热模块也会自动停止加热。）

（5）当温度近似恢复到室温后，弹起"界面切换"按钮，通过"数据采集"按钮记录显示的温度值和电压值，并将数据填入表 2-12。

表 2-12 温度变化值与电压值

	$T/℃$							
白光	升温电压/V							
	降温电压/V							

（6）根据表 2-12 在 Excel 中绘制曲线。

（7）分析曲线。

（8）关闭电源。

4) 改变增益大小后温度变化(包括升温与降温)与电压变化关系实验

(1) 重复实验 1)中的步骤(1)～(7)。

(2) 调节"增益旋钮",增大或减小电压。

(3) 重复实验 3)中步骤(2)～(8)。

5) 温度测量与对比实验及误差分析

(1) 根据实验 3)得到的 U-T 曲线,采用分段线性插值的处理方法,将测量过程中的实时信号与标定值进行比较。具体方法如下:以 5 组数据为一段,已知(T_i, U_i)、(T_{i+4}, U_{i+4}),实时测量的信号为 U,则实时电压所对应的温度值 T 可由下式求得:

$$T = T_{i+4} - \frac{T_{i+4} - T_i}{U_{i+4} - U_i}(U_{i+4} - U) \tag{2-46}$$

(2) 将标定值与实时测量值填入表 2-13。

表 2-13　标准温度值与测量温度值

标准温度/℃			15	20	25	30	35	40	…
实时测量温度/℃	白光	升温							
		降温							

(3) 根据表 2-13 中的数据,分析实验误差,得出实验结论。

6) 借助上位机采集光纤温度传感实验仪 U-T 曲线

(1) 将实验仪后面板的"下载串口"通过串口线与电脑主机相连。

(2) 将附赠光盘中的上位机软件"FBKJ-CG-WD2.exe"拷贝到电脑桌面上,双击打开,弹出光纤温度传感实验仪上位机主界面,如图 2-95 所示。

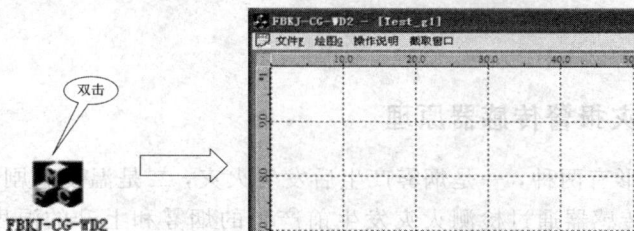

图 2-95　FBKJ-CG-WD2 上位机主界面

(3) 重复实验 3)中步骤(1)～(4)。

(4) 当温度近似恢复到室温后,弹起"界面切换"按钮。

(5) 单击主界面中的"绘图"→"测试曲线",弹出"读取数据"窗口,如图 2-96 所示。

图 2-96　"读取数据"窗口

(6) 同时按下"数据采集"按钮和"温控开关"按钮，采集"升温曲线"和"降温曲线"，如图 2-97 所示。（上位机采集数据比较缓慢，可能需要稍等一会。）

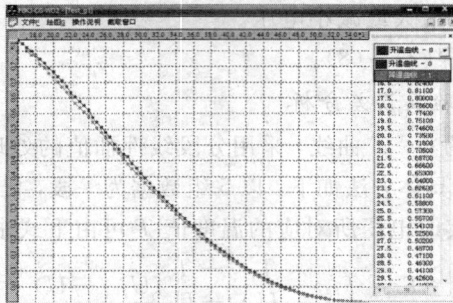

图 2-97　上位机采集 U-T 曲线（白光）

任务十　光纤火灾报警传感器

学习目标

★ 掌握光纤火灾报警传感器原理；
★ 掌握光纤火灾报警传感器系统结构组成；
★ 掌握光纤火灾报警传感器探头的设计与制作；
★ 掌握光纤火灾报警传感器的相关应用；
★ 掌握相关实验实训。

学习内容

2.10.1　光纤火灾报警传感器原理

火灾产生的情形有两种，一是烟雾产生后发生火灾，二是温度急剧升高后导致火灾产生。光纤火灾报警传感器通过检测火灾发生前产生的烟雾和上升的温度，发出声光报警，进而把火灾消除在萌芽状态，通过人为清零解除声光报警。光纤火灾报警传感器是冷光源不发热，没有电火花，非常安全，更重要的是不会产生二次事故。

光纤火灾报警传感器集成了光纤烟雾传感器、光纤温度传感器、声光报警的功能，属于复合型的火灾报警器。有关光纤烟雾传感器及声光报警原理已经在"光纤烟雾传感器"中阐述过，有关光纤温度传感器及声光报警原理已经在"光纤温度传感器"中阐述过。

2.10.2　光纤火灾报警传感器探头的设计与扩展

因为光纤火灾报警传感器集成了光纤烟雾传感器与光纤温度传感器，这二者的探头设计在"光纤烟雾传感器探头设计"和"光纤温度传感器探头设计"中已做了阐述；新型的光纤火灾传感器探头同时集成了光纤烟雾传感器与光纤温度传感器，具体探头设计形式如图 2-98 及图 2-99 所示。

　　在图 2-98 中，网孔结构金属管可以对外来烟雾进行检测与报警，利用双金属片温度与其形变特性，实现对光纤传感器周围温度变化的检测与报警。这种结构的光纤火灾报警传感器探头设计简单、实用，且光纤传输距离可以达到几百米，方便对远距离的位置进行火灾监测。

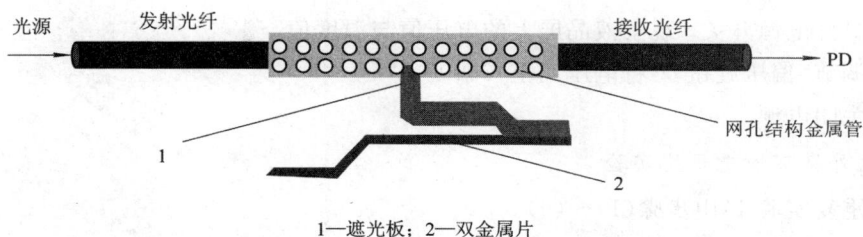

1—遮光板；2—双金属片

图 2-98　光纤火灾报警传感器探头设计之一

　　在图 2-99 中，网孔结构金属管可以对外来烟雾进行检测与报警，利用双金属片温度与其形变特性，实现对光纤传感器周围温度变化的检测与报警。这种结构的光纤火灾报警传感器探头设计简单，因为发射光纤与接收光纤在同侧且平行，在实际工程应用中便于施工布线，且灵敏度很高。

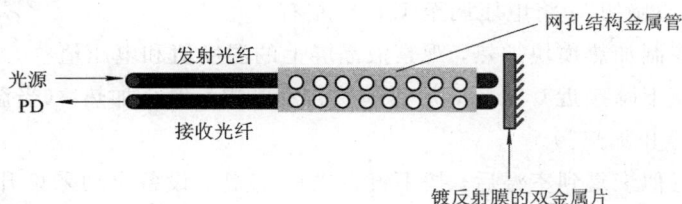

图 2-99　光纤火灾报警传感器探头设计之二

2.10.3　光纤火灾报警传感器的应用

　　光纤本身有着很多的优越性，光纤火灾报警传感器通过光纤测量周围环境温度升高和烟雾浓度变化而发出声光报警，该报警器体积小、重量轻、非常灵敏、冷光源不带电、耐污染，适合于各种场所的火灾预警，特别适合污染性强、强电、静电要求严格、易燃易爆等环境的火灾预警。

2.10.4　实验实训

　　本小节以武汉发博科技有限公司生产的光纤火灾报警传感系统(FBKJ-CG-HZ3)为例，如图 2-100所示，进行以下实验实训。

　　1. 光纤火灾报警传感器消除温度升高导致火灾的实验实训

　　1) 光路与机械系统组装调试、光源驱动、放大处理、偏压调零实验

　　(1) 按照图 2-94 安装光纤传感器，把输入光纤、输出光纤分别插入光纤火灾报警传感系统侧面的"光

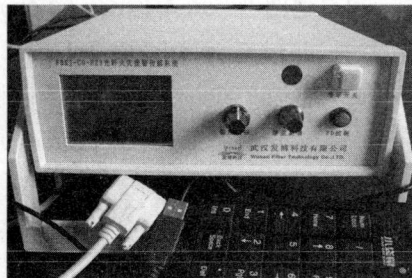

图 2-100　光纤火灾报警传感系统实物

源"座孔和"PD"座孔上，金属管一端安装在光纤卡架上。

(2) 按照图 2-94 安装传感探头，使遮光片面与光纤端面垂直。

(3) 将串口线接入实验仪后面板的"温度串口"RS232 上。

(4) 将两光纤间的距离调至 3 mm 左右，然后固定光纤。

(5) 打开电源开关，观察液晶屏上的电压值与温度值。

(6) 调节"偏压旋钮"，将电压调至"0000"。

(7) 关闭电源。

2）抗外界环境光干扰实验

(1) 重复实验 1）中步骤（1）～（6）。

(2) 取下"PD"座孔处的接收光纤，用日光灯及其他光源照射"PD"座孔，观察"电压显示"有何变化。

(3) 关闭电源。

3）温度升高火灾报警实验

(1) 重复实验 1）中步骤（1）～（6）。

(2) 调节"增益旋钮"，将电压调至 1.8 V 左右。

(3) 用键盘控制加热模块加热，观察液晶屏上的温度值和电压值。

(4) 当电压值下降接近 0 V 后，加热模块自动断电，停止加热。（当温度超过 90℃时，加热模块也自动停止加热。）

(5) 当温度近似恢复到室温后，按下键盘"＊"按钮，设备自动采集升温过程中的温度值和电压值数据，且绘制升温 $U-T$ 曲线。

(6) 让探头自动降温，同时设备自动采集降温过程中的温度值和电压值数据，且绘制降温 $U-T$ 曲线。

(7) 按下"Numlock"键，通过键盘输入报警温度临界值，然后开启加热模块。

(8) 观察声光报警时，液晶屏上的实际温度值与报警温度临界值有无差异，同时记录当前电压，分析原因。

(9) 解除报警，关闭电源。

2. 光纤火灾报警传感器消除烟雾产生时导致火灾的实验实训

1）光路与机械系统组装调试、光源驱动、放大处理、偏压调零实验

(1) 把图 2-98 与图 2-99 的光纤火灾报警传感器分别插入光纤火灾报警传感系统侧面的"光源"座孔和"PD"座孔上。

(2) 将串口线接入实验仪后面板的"温度串口"RS232 上。

(3) 打开电源开关，观察液晶屏上的电压值与温度值。

(4) 拔掉"PD 座孔"上的光纤，调节"偏压旋钮"，将电压调至"0000"。

(5) 再把光纤插上"PD 座孔"，适当调节"偏压旋钮"，使液晶屏上的电压值不超过 4000。

(6) 关闭电源。

2）抗外界环境光干扰实验

（1）重复实验1)中步骤(1)~(5)。

（2）用日光灯及其他光源照射图 2 - 98 与图 2 - 99 的光纤火灾报警传感器探头，观察"电压显示"有何变化；拔下/插上 PD 处光纤传感器，观察电压值变化。分析抗外界环境光干扰原因。

（3）关闭电源。

3）烟雾产生导致火灾报警实验

（1）重复实验1)中步骤(1)~(5)。

（2）调节"增益旋钮"，将电压调至 2000 左右。

（3）设置报警烟雾浓度值(用电压值表示)。

（4）用烟雾分别喷向图 2 - 98 与图 2 - 99 的光纤火灾报警传感器探头，观察液晶屏上的电压值变化。

（5）当声光报警时，记录液晶屏上的电压值，分析原因。

（6）改变设置的报警烟雾浓度值(用电压值表示)以及烟雾浓度大小，重复以上步骤，分析光纤火灾报警传感器用于烟雾火灾报警的灵敏度与哪些因素有关。

（7）解除报警，关闭电源。

习　题

（1）试分析强度调制型光纤传感器的主要类型及特点。

（2）影响强度调制型光纤传感器测量精度的因素有哪些？如何避免？

（3）比较反射式光纤位移传感器与光纤二维位移传感器的优缺点。

（4）试列举光纤传感器测微位移的几种方法，并比较其优缺点。

（5）光纤微弯传感器的应用领域有哪些？

（6）试分析光纤温度传感器的几种制作原理以及应用领域。

（7）如何选用相应的光纤来制作光纤传感器？其中需要注意的问题有哪些？

（8）试分析外界环境对强度调制型光纤传感器的影响。

频率调制型光纤传感器及其应用

3.1 学 习 目 标

★ 掌握频率调制机理；
★ 掌握光纤多普勒技术；
★ 了解光纤多普勒系统的局限性；
★ 了解多普勒效应光纤振动传感器；
★ 掌握频率调制的应用。

3.2 学 习 内 容

3.2.1 频率调制机理

采用频率调制技术可以对有限的几个物理量进行测量。频率调制技术主要利用运动物体发射或散射光的多普勒频移效应来检测其运动速度。当然，频率调制还有一些其它方法，如某些材料的吸收和荧光现象会随外界参量的变化而发生频率变化，以及量子相互作用产生的布里渊和拉曼散射也是一种频率调制现象。

当光源和观察者做相对运动时，观察者接收到的光频率和光源发射的频率不同，这种现象称为多普勒效应。基于多普勒效应的光纤传感器称为光纤多普勒传感器。

设光源和观察者处于同一位置，如果频率为 f 的光照射在相对光速度为 v 的运动物体上，那么观察者接收的运动物体反射光频率 f_1 为

$$f_1 = \frac{f\left(1 - \frac{v^2}{c^2}\right)^{\frac{1}{2}}}{\left[1 - \left(\frac{v}{c}\right)\cos\theta\right]} \approx f\left[1 + \left(\frac{v}{c}\right)\cos\theta\right]$$

$$(3-1)$$

式中：c 是真空中的光速；θ 是光源至观察者方向与运动方向的夹角。

当光源和观察者处于相对静止的两个位置时，可当作双重多普勒效应来考虑，先考虑从光源到运动体，再考虑从运动物体到观察者。如图 3-1 所示，

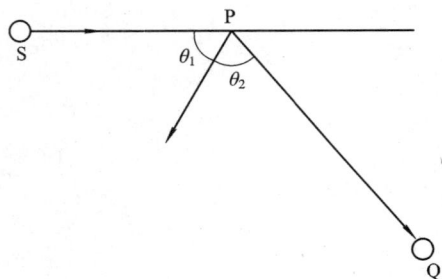

图 3-1 多普勒效应示意图

其中 S 是光源，P 为运动物体，而 Q 是观察者。

物体 P 相对于光源 S 运动时，在 P 点观察到的光频率 f_1 为

$$f_1 \approx f\left[1+\left(\frac{v}{c}\right)\cos\theta_1\right] \tag{3-2}$$

频率为 f_1 的光通过物体 P 的散射重新发出来，在 Q 处观察到的光频率 f_2 为

$$f_2 \approx f\left[1+\left(\frac{v}{c}\right)\cos\theta_2\right] \tag{3-3}$$

根据上述两式，并考虑实际上 $v \leqslant c$，可近似把双重多普勒频率方程表示为

$$f_2 \approx f\left[1+\left(\frac{v}{c}\right)(\cos\theta_1+\cos\theta_2)\right] \tag{3-4}$$

多普勒效应广泛应用于雷达、气象、光学、声学以及核物理学等领域，大多用于测量物体的运动速度及液体的流量、流速等。光学多普勒位移检测方法具有高的测量灵敏度。例如，用 He-Ne 激光器作光源，运动速度为 1 m/s 的频移达 1.6 MHz，可测速度范围为 1 μm/s～100 m/s。

3.2.2　光纤多普勒技术

根据多普勒频率原理，采用激光作为光源的测量技术是研究流体流动的有效手段。它的主要特点是空间分配率高，光束无干扰流动性，并具有跟踪快速变化的能力。在许多特殊场合下，例如在测量密封容器中的流体速度和生物系统之血流速时，不能安装普通的多普勒装置，必须采用光纤组成的具有微型探头的测量系统。

光纤多普勒系统的主要优点是发射和接收光学元件不需要重新定位就可调整测量区的位置。典型的光纤多普勒测速装置如图 3-2 所示。

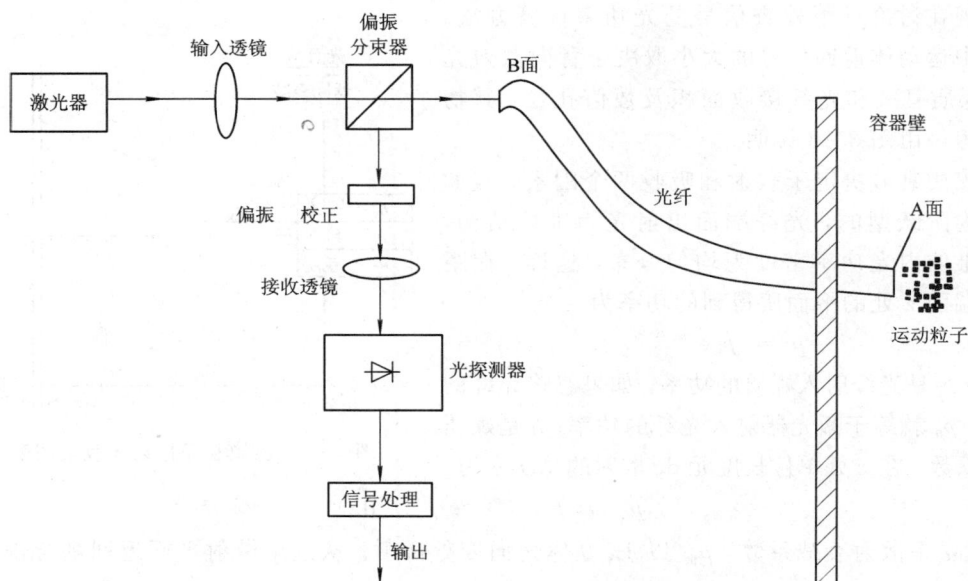

图 3-2　光纤多普勒测速装置示意图

　　激光通过偏振分束器和输入光学装置射入多模光纤，将光纤的另一端插入流体中便可测量流体或其中粒子运动的速度。光在流体中散射，其中一部分散射光被光纤收集，沿光纤返回。散射光是随机偏振光，因此返回光有一部分被偏振分束器反射到光探测器。

　　多普勒效应利用频移（或频差）来实现测量。光频差必须通过两个光波的干涉才能进行测量，所以对返回光束要有一个参考光束，且参考光束必须没有被流体散射。在图 3-2 中，满足参考光束要求的只有来自于光纤的 A 端面的反射光。在 A 面反射的参考光光强大小取决于光纤和流体媒质的折射率之差，而且此光强总是小于玻璃和空气界面全反射所得到的光功率（反射与入射功率比为 4%）。这意味着参考信号的强度还是足够的。

　　系统的杂散反射主要发生在光纤的输入端面 B。由于在输入端使用了偏振激光源，并把这个偏振分束器的方向严格校准，这样 B 面的入射光偏振态是被精确限定的。因此，B 面产生的反射光将直接返回激光器，而不会进入光探测器影响参考光与信号光的干涉。B 面反射到光源的光，对 Hz-Ne 激光器基本没什么影响，而对半导体激光器的工作影响比较大。

　　此外，多模光纤在几厘米距离内就会把输入光消去偏振，光纤的任何返回信号，包括光纤中的背向散射和端面 A 处的反射，都是非偏振光。因此，运动物质的背向散射光和 A 端面的反射参考光通过偏振分束器后只有一部分到达光探测器。为了消除透镜等光学元件产生的双折射和偏振分束器不完善的影响，系统又设置了附加偏振矫正器。

　　从以上分析可知，实现系统正常工作的主要问题是：保证系统 A 面的反射参考信号功率足够大；传感信号与其它杂散反射的干涉要小。因此，保证系统中光学元件的偏振性能是非常重要的。有时杂散反射在强度上甚至会超过表征被测物体速度的传感信号，从而产生附加的干涉输出。然而，运动体与 A 面的相对速度和运动体与 B 面的相对速度有很大的差别，前者是由物体运动引起，后者主要是由热变化引起的，因此在检测端用频率滤波方法就能把两者分开。

　　现在讨论一下检查信号的光功率计算方法。流体中运动体返回信号的大小取决于背向散射光强、媒质衰减和光纤接收面积及数值孔径，其物理过程可由图 3-3 说明。

　　媒质衰减决定于散射和吸收两个因素。假如光纤为阶跃型的，光纤端面出射光为锥体结构，设此锥体内光功率密度为均匀分布，这样，在距光纤端面 z 处的平面所得到的功率为

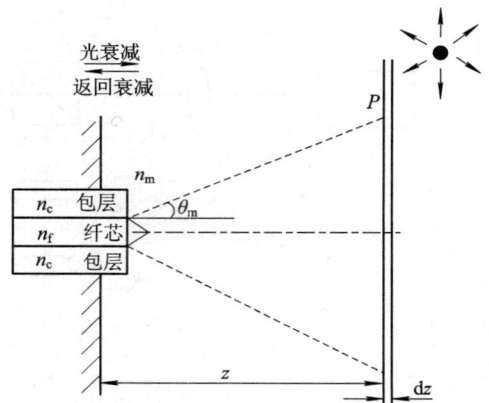

图 3-3　游离粒子散射光收集图解

$$p_z = p_0 e^{-\alpha z} \qquad (3-5)$$

式中：p_0 是光纤射入媒质的功率，如果忽略光纤的损失，p_0 就等于激光器射入光纤的功率；α 是媒质衰减系数。在 z 处单位长度元 dz 散射的总功率为

$$p_散 = p_z e^{-\alpha_s dz} \approx p_z(\alpha_s dz) \qquad (3-6)$$

式中：α_s 是散射衰减系数，$p_散$ 以 4π 立体角向四处散射。从这个散射平面返回耦合进光纤的功率可以这样来估算，即把该散射面看做朗伯光源，因此两者的耦合系数为

$$\eta = \frac{A_f}{A_z}(\mathrm{NA})^2 \qquad (3-7)$$

式中：A_f 是纤芯面积；A_z 是 z 处散射源面积；NA 是光纤的数值孔径，其值为

$$\mathrm{NA} = \frac{(n_f^2 - n_c^2)^{\frac{1}{2}}}{n_m} \tag{3-8}$$

式中：n_c 是包层折射率；n_f 是纤芯折射率；n_m 是媒质折射率。

从 z 处散射进入光纤的功率为

$$p_{rz} = \frac{A_f}{Az} \cdot p_{散} \cdot e^{-\alpha z} (\mathrm{NA})^2 \tag{3-9}$$

a 是纤芯半径，光纤最大孔径角为 θ_m，
则散射源面积 S（如图 3-4 所示）为

$$S = \pi R^2 = \pi (z \tan\theta_m + a)^2 \tag{3-10}$$

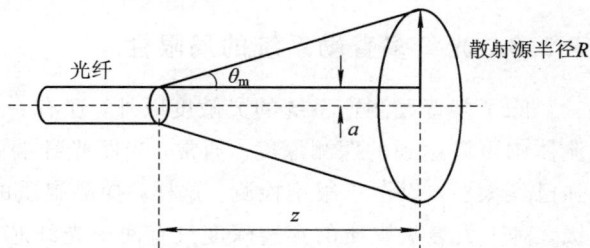

图 3-4　散射源面积示意图

由式（3-5）、式（3-6）、式（3-7）、式（3-9）、式（3-10）可知，返回进入光纤的总功率 p_r 为

$$p_r = \int_0^\infty p_{rz}\,\mathrm{d}z = A_f p_0 \int_0^\infty \frac{\alpha_s \cdot e^{-2\alpha z} \cdot (\mathrm{NA})^2}{(z\,\tan\theta_m + a)^2}\,\mathrm{d}z \tag{3-11}$$

式中的因子是考虑到只有一半散射功率是背向，另一半是前向散射，且 $z\,\tan\theta_m \gg a$。对上式进一步整理，有

$$\frac{p_r}{p_0} = \left(\frac{a \cdot \mathrm{NA}}{\tan\theta_m}\right)^2 \cdot \alpha_s \cdot e^{(2\alpha a/\tan\theta_m)} \int_L^\infty \frac{e^{-x}}{x^2}\,\mathrm{d}x \tag{3-12}$$

式中：x 是对式（3-11）进行适当代换引入的；$\theta_m = \arcsin(\mathrm{NA})$，在 NA 值较小的条件下，$\mathrm{NA} = \sin\theta_m \approx \tan\theta_m \approx \theta_m$，所以有

$$\frac{p_r}{p_0} = a^2 a_s \cdot e^{2\alpha a/\tan\theta_m} \int_L^\infty \frac{e^{-x}}{x^2}\,\mathrm{d}x \tag{3-13}$$

式中：积分下限 $L = 2\alpha a/\tan\theta_m$。直接用上式计算功率耦合效率是很困难的，工程上用其他方式来实现。把 p_r/p_0 定义为

$$\frac{p_r}{p_0} = \frac{(\mathrm{NA})^2}{2} \cdot R \cdot F(L) \tag{3-14}$$

式中：$R = \alpha_s/\alpha$；函数 $F(L) = L[1 + Le^L E_1(L)]$，$(L = 2\alpha a/\tan\theta_m)$，由图 3-5 所示曲线给定，其中 $E_1(L) = \int_L^\infty \frac{e^{-x}}{x^2}\,\mathrm{d}x$。

现在来讨论一个实例，波长为 638 nm 的 Hz-Ne 激光器，$P_0 = 1$ mW。通过上述散射衰减、传输衰减以及耦合损失，返回光纤的最小检测功率 $P_r = 1.6 \times 10^{-13} P_0$，这相当于最大允许耦合损失为 128 dB。由于上述讨论中忽略了偏振器损失、反射损失及非校准损失等，所以最大允许耦合还应加上一个 20 dB 的安全系数。对单模光纤系统，安全系数还要大一些，一般系统特性应保证 $P_r/P_0 > 4 \times 10^{-11}$。

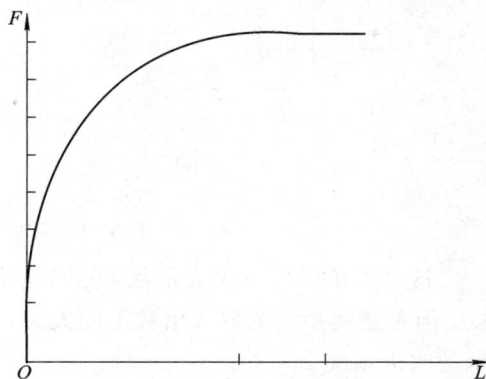

图 3-5　函数 $F(L)$ 曲线

若光纤芯径 $a=50\ \mu m$，对空气的 NA=0.15，相当于水的 NA=0.0113，并假设全部衰减是由散射引起的，即 $R=1$，则有 $P_r/P_0=0.0064F(L)$。这表明，当 $F(L)$ 小于 10^{-8} 时，大多数媒质可以返回一个可检测的信号。实验表明，检测普通生活用水时，得到的返回信号很强；检测蒸馏水或过滤水时，返回信号很弱。

3.2.3 光纤多普勒系统的局限性

除了多普勒测速系统的灵敏度以外，还有一个重要的参数需要考虑，即要考虑光纤在流体中可以达到的探测深度。通常，当距光纤端面的距离超过 $a/\tan\theta$ 时，散射回光纤的光强已经太弱，以至于很难检测。这样，探测媒质的最大穿透深度只有几个光纤芯半径的量级，对于大衰减媒质的穿透深度只有两个光纤芯半径。一般，多普勒探测器最大只能实现液体中几十微米处粒子的运动速度测量，适用于携带粒子的流体或混浊体中悬浮物质的速度测量，速度测量范围为 $\mu m/s\sim m/s$，相应的频偏为 $Hz\sim MHz$。

光纤多普勒系统的主要局限性是检测媒质的穿透范围小，其原因是发射光纤端面和入射进光纤的数值孔径太小。用图 3-6 所示的透镜系统可解决这一问题。当 $d<f$（焦距）时，在距离透镜为 u 处将产生光纤的虚像，虚像半径 $r_i=au/d$，数值孔径 $NA_i=NA\dfrac{d}{u}$，接收背向散射光的能力 $\dfrac{r_i}{NA_i}=\left(\dfrac{u}{d}\right)\cdot\dfrac{a}{NA}$，即增加了像放大系数的平方倍。这种受益只有计算区域的衰减很小时才是有效的。对低衰减媒质和小 L 值的情况，带透镜的系统光纤的回光和出光功率比可写为

$$\frac{p_r}{p_0}\approx\frac{(NA)^2}{2}RL\approx NA\cdot R\cdot 2a\cdot a \tag{3-15}$$

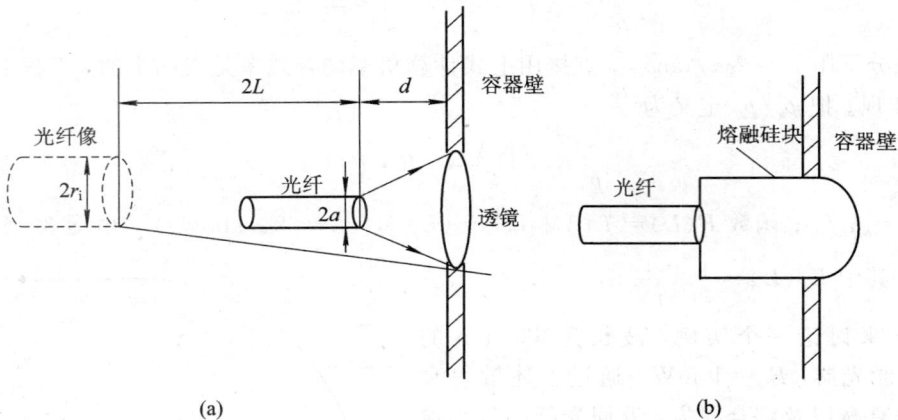

图 3-6 对低衰减媒体集光能力的改善

这个系统保持 NA 为常数，但回光功率在 L 很小时基本保持为常数，只提高了穿透深度。但是透镜系统的放大倍数不能太大，否则会使回光功率下降。这可以采用图 3-6(b) 所示的改进系统。

3.2.4　应用

1. 多普勒效应光纤振动传感器

对高频小振幅的振动进行有效测量时采用的是非接触式多普勒振动传感器，其工作原理如图 3-7 所示。根据多普勒效应可知，由运动物体上反射的光的频率与物体运动速度有关，因此可应用这一原理测量振动。应用多普勒效应传感器测量振动时，只有当振动方向与光进行方向一致时，测量效果较好。而对于振动方向与光进行方向相垂直情况的多普勒效应光纤振动传感器也在研究中。

图 3-7　多普勒效应光纤振动传感器原理图

2. 频率调制的应用——频率调制半导体激光器

频率调制半导体激光测距(长)技术以半导体激光器为光源，采用光的干涉原理，测量绝对距离。由于半导体激光器体积小、寿命长、价格低、具有很好的线性调频特性，且调制方式简便，因而此方式适合在工业现场使用。下面介绍两种典型的系统。

1）应用一

应用之一是线性调频半导体激光测距(长)系统，该系统由日本东京工学院研制，采用三角波电流调制半导体激光器输出波形，使被调制后的激光以三角波形式输出。调频光经准直后射向 1/8 波片和测量反射镜 M，以 1/8 波片前表面的反射光作参考光，以测量反射镜 M 反射的光作为测量光波。二光波各自经过不等路径产生相对延时，然后会合在一起产生干涉并形成光拍。光拍频率与二波光程差（1/8 波片和反射镜 M 之间距离）d 成正比。光拍信号由光电探测器件处理后，计算拍频周期数得到被测距离。

系统在 1/20 个条纹的计数精度下，测量范围约为 2 m，精度为 0.1 mm；如保持半导体激光器的注入电流不变，该装置变为单频激光干涉仪，借助精密导轨可测量相对位移，分辨率为 0.02 μm；1/8 波片和偏振分光棱镜 PBS 使光电接收器 PD1、PD2 输出信号相位相差 90°，可辨别位移方向。

该系统的优点是：光源体积小，结构简单，用途广泛，成本低。该系统的缺点是：半导体激光器光谱线宽较宽，限制了绝对测长范围，测长范围在几米之内。其原理图如图 3-8 所示，图中 BS（BeamSplitter）表示分光镜，对光线起着半反半透作用，PBS（Polarization BeamSplitter）表示偏振分光镜。

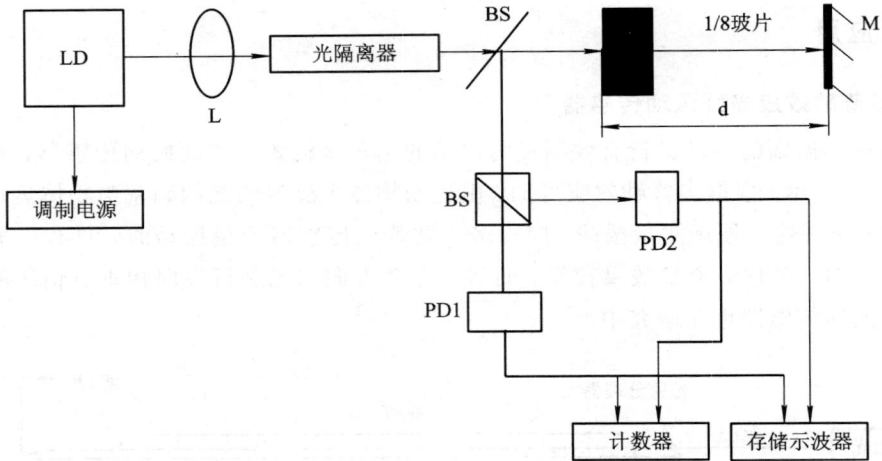

图 3-8 线性调频半导体激光测距系统结构示意图

2) 应用二

外腔半导体激光器大尺寸测距(长)系统由清华大学研制,如图 3-9 所示,从半导体激光器 LD 发出的激光,经过梯度折射率 L 校准之后射到平面镜 M 上,一部分光被反射回激光管中,与谐振腔内的光波发生相干作用,抑制激光的相位噪声,从而压缩光谱线宽;另一部分光波则透过平面镜射入二臂长不等的迈克尔逊干涉仪,激光频率调制是通过外腔长度变化来实现的,平面镜固定在压电陶瓷 PZT 上,压电陶瓷 PZT 在驱动电压的作用下沿轴向伸缩,改变外腔长度;用低平三角波电压驱动压电陶瓷 PZT,则激光器输出的光频率也按三角波规律变化。用角锥棱镜作反射镜,避免射出光返回到激光器中而影响激光模式;参考光波和延时测量光波会合在一起,发生干涉而形成光拍。

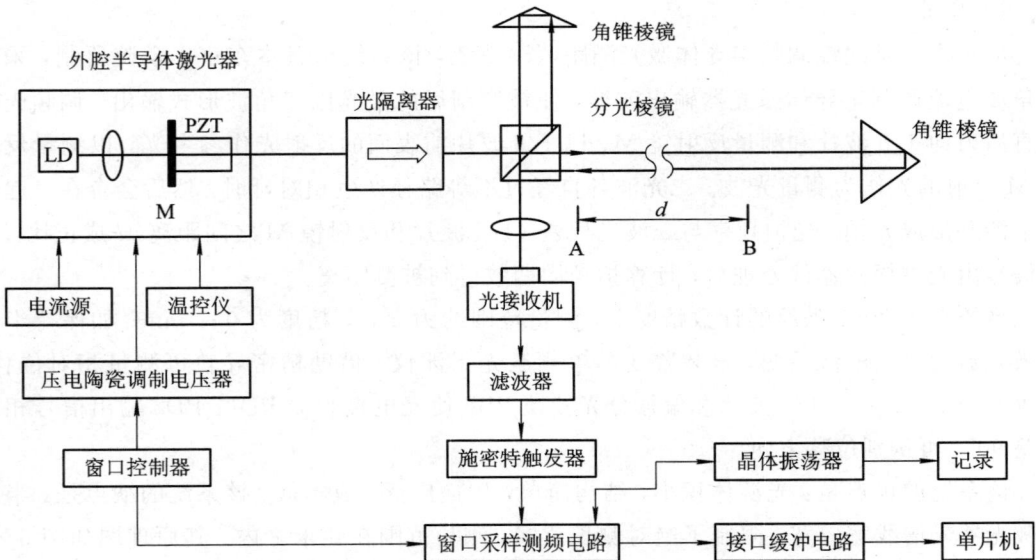

图 3-9 外腔半导体激光器大尺寸测距(长)系统示意图

光拍频率和测量点 B 到基准点(零拍点)A 的距离 d 成正比,光拍信号由光电探测器接收,经放大和滤波后,采用窗口采样测频电路进行拍频测量,从而获得被测长度值。该系统的测量范围达 10 m,不确定度约 1×10^{-4}。

该系统的优点是:

(1)采用平面镜外腔半导体激光器结构,输出光功率大,增加相干长度来压制相位噪声,且压缩了半导体激光器光谱线宽,结构简单。

(2)采用双层保温系统及封闭外壳,大大提高了激光频率的稳定性。

(3)采用外腔长调频所得到的光拍信号的信噪比,比电流调频时的光拍信号信噪比高得多。

该系统的不足之处:系统存在激光调频非线性,且激光中心频率稳定性、激光外腔的机械稳定性对测量精度有较大影响,系统测量精度低。

结论:

半导体激光器体积小,以它作光源构成的测距(长)仪器寿命长,在工业现场有广泛的应用前景。线性调频半导体激光绝对干涉测距(长)几米到几十米范围的大尺寸高精度无导轨测距(长)领域内有较大优势。为使该技术实用化,必须解决以下几个问题:

(1)半导体激光器谱线较宽,相干长度较短,位相噪声较强,影响测量精度,需进一步提高光谱线宽压缩率,并增大激光频率调制率。

(2)系统振动及温度变化会严重导致光频漂移,返回系统的多余光产生的噪声可影响测量精度,需进一步提高整个系统的抗干扰力。

(3)半导体激光频率存在的非线性及激光中心频率漂移均严重影响测量结果,需进一步改善激光器的调制特性及激光光频特性并加以补偿。

光纤多普勒传感器系统的主要局限是检测媒质的穿透范围小,原因是发射光纤端面太小、光纤的数值孔径太小。

习 题

(1)简述频率调制机理。

(2)简述频率调制型光纤传感器的主要应用以及优缺点。

学习情境四

相位调制型光纤传感器及其应用

4.1 学习目标

★ 学习相位调制型光纤传感器的原理；
★ 掌握干涉式光纤传感器的类型及工作原理；
★ 掌握相位调制型光纤传感器的信号解调技术；
★ 了解光纤干涉仪的应用实例；
★ 了解相位调制型光纤传感器的发展。

4.2 学习内容

4.2.1 相位调制型光纤传感器的原理

1. 基本原理与特点

相位调制型光纤传感器（通常也叫干涉型光纤传感器）的基本原理是：被测量的物理量使得光纤内传输光的相位 $\varphi(=k_0 nL)$ 发生变化，再用干涉测量技术把相位变化转换成光强变化，由光电探测器把光强变化转换成电压或电流变化，进而实现检测被测物理量的目的。

相位调制型光纤传感器主要是干涉式光纤传感器，其特点为：

（1）灵敏度高。在相位调制光纤传感器中，使用了数十米甚至上千米的光纤，使其比普通的干涉仪更加灵敏。

（2）灵活多样。由于相位调制光纤传感器的敏感元件本身就是光纤，根据光纤体积小、柔软性好的特点，光纤探头的几何形状可以按要求设计成不同的形式。

（3）测量对象广泛。不论测量对象为何种物理量，只要其使 $\varphi=k_0 nL$ 中的波数 k_0、折射率 n、光程 L 任何一项发生变化，就可以用于传感。所以，相位调制型光纤传感器可以测量压力、应力、应变、温度、加速度、电流、磁场、折射率等；并且，同一相位调制光纤传感器可以对多个物理量进行传感。

（4）特殊需要的光纤。在相位调制型光纤传感器（干涉式光纤传感器）中，为了获得最佳干涉效应，两相干光的振动方向必须一致。因此，在相位调制型光纤传感器（干涉式光纤传感器）中，最好采用高双折射的单模光纤。

2. 应力应变效应

1）原理

当光纤受到纵向（轴向或沿光轴方向）的机械应力作用时，光纤的长度、折射率都将发生变化，这些变化将导致光纤中传输光的相位 φ 发生变化。

光通过长为 l、纤芯折射率为 n 的光纤，出射光波的相位延迟 φ 为

$$\varphi = k_0 nl = \frac{2\pi}{\lambda_0} nl = kl \qquad (4-1)$$

在外界因素作用下，相位的变化 $\Delta\varphi$ 为

$$\Delta\varphi = k\Delta l + l\Delta k = kl\,\frac{\Delta l}{l} + l\,\frac{\partial k}{\partial n}\Delta n + l\,\frac{\partial k}{\partial n}\Delta a \qquad (4-2)$$

式中：a 为纤芯半径。

分析：第 1 项（$kl\Delta l/l$）：光纤长度变化引起的相位延迟（应变效应）。

第 2 项（$l\partial k\Delta n/\partial n$）：光纤折射率变化引起的相位延迟（光隙效应）。

第 3 项（$l\partial k\Delta a/\partial n$）：光纤半径变化产生的相位延迟（泊松效应）。

2）纵向应变引起的相位变化

用 ε 表示应变，只有纵向应变 $\varepsilon(\Delta l/l)$ 时，横向应变 $\varepsilon_1 = \varepsilon_2 = 0$，且有

$$\Delta\varphi = \frac{nk_0 l(2 - n^2 p_{12})\varepsilon_3}{2} \qquad (4-3)$$

3）径向应变引起的相位变化

只有径向应变时，$\varepsilon_2 = \dfrac{\Delta a}{a}$，$\varepsilon_3 = 0$，$\varepsilon_1\left(\dfrac{\Delta n}{n}\right) = \varepsilon_2$，且有

$$\Delta\varphi = -k_0 n^3 l(P_{11} + P_{12})\varepsilon_1 \qquad (4-4)$$

式中：P_{11}、P_{12} 均为光纤的光弹系数，为常数。

4）光弹（弹光）效应引起的相位变化

光弹效应：在外界机械应力作用下，使得光纤折射率 n 变化进而产生双折射的现象。光弹效应下产生的相位变化为

$$\Delta\varphi = \frac{\pi n^3}{\lambda_0 E}(1 + \gamma)(P_{12} - P_{11})\Delta\sigma \qquad (4-5)$$

式中：E 为杨氏模量（$7 \times 10^{10}\,\text{Pa}$）；

γ 为泊松系数（0.17）；

$\Delta\sigma$ 为沿着光纤截面两互相垂直半径方向的应力差；

其中，$P_{11} = 0.17$，$P_{12} = 0.27$。

5）实现纵向、径向应变的方法

首先介绍 PZT 压电效应与 PZT 逆压电效应。PZT（压电陶瓷，Piezoelectric Ceramic）压电效应定义为：当 PZT 尺寸大小变化时，其内、外壁间能产生电压的现象；PZT 逆压电效应定义为：在 PZT 内、外壁间加电压时，PZT 尺寸大小会变化的现象。

实现纵向、径向应变的方法为：将光纤紧绕在 PZT 外表面，在 PZT 两端加电压，根据 PZT 逆电效应，PZT 直径变化使得光纤圈膨胀或收缩，光纤轴向（纵向）、径向产生应变，进而使 $\Delta\varphi$ 变化，且缠绕光纤匝数越多，光纤纵向、径向应变效果越明显，如图 4-1 所示。

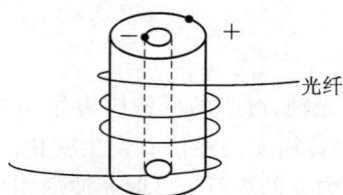

图 4-1　利用 PZT 产生纵(径)向应变

4.2.2　干涉式光纤传感器的类型

1. Michelson 干涉式光纤声发射传感器

图 4-2 是传统的 Michelson 干涉仪原理图，图 4-3 是 Michelson 干涉式光纤声发射传感器的工作原理图。

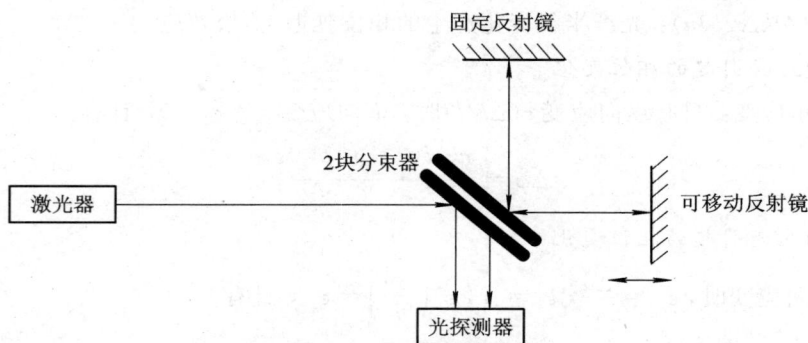

图 4-2　传统的 Michelson 干涉仪原理图

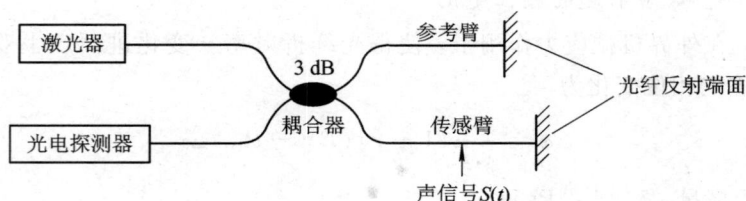

图 4-3　Michelson 干涉式光纤声发射传感器

激光器发出的光被 2×2 的耦合器分成两束，一束经过参考臂到达固定的光纤反射端面，另一束经过传感臂到达光纤反射端面。从两臂反射回来的光经过 3 dB 的耦合器耦合进入同一根光纤，从光纤出来的干涉光被光电探测器所接收。这种干涉式光纤声发射传感器的特点是两臂的光程彼此独立，外界声信号作用在传感臂（又称信号臂）上。光电探测器接收到的干涉光强度为

$$I = \frac{I_0\alpha}{2}(1 + \cos\Delta\varphi) \tag{4-6}$$

式中：

I_0——激光器发出的光注入到耦合器的光强；

$\Delta\varphi$——外界因素引起的传感臂与参考臂之间的相位差，其中包括外界声信号 $S(t)$ 引起的相位差；

α——光传播过程中综合光衰减因子，其中包括耦合器的耦合率、光纤反射端面的反射率及两臂的光衰减系数。

在 Michelson 干涉式光纤 AE(Acoustic Emission)传感器中，通常在被测物体表面镀反射膜或者在被测物体表面贴一个反射镜；从传感器的传感臂射出的光打在被测物体表面反射镜上，声信号 $S(t)$ 的振动导致被测物体的振动而产生一个微位移，此微位移使得传感臂光信号相位发生变化，进而导致两臂产生相位差。或者，把传感臂直接贴在被测物体表面，由于被测物体的移动使传感臂中的光程变化，导致两臂产生相位差，而相位差的变化可以引起干涉光的干涉条纹移动或者使光电探测器的输出电压变化。

2. Mach – Zehnder 干涉式光纤声发射传感器

Mach – Zehnder 干涉式光纤声发射传感器的工作原理如图 4 – 4 所示。

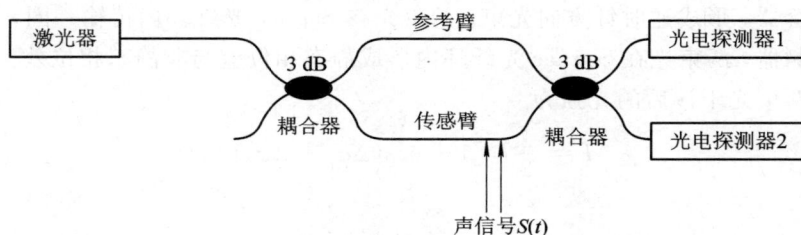

图 4 – 4　Mach – Zehnder 干涉式光纤声发射传感器的原理图

在图 4 – 4 中，激光光源发出的光被一个 2×2 的 3 dB 耦合器分成两束，一束在参考臂光纤中传播，另一束在传感臂光纤中传输，外界信号 $S(t)$ 作用在传感臂光纤上，从第 2 个 3 dB 的耦合器出去的光经过光纤分别送到光电探测器 1 和光电探测器 2。根据两束光的干涉原理，两个光电探测器接收到的干涉光的光强分别为

$$\begin{cases} I_1 = \dfrac{I_0}{2}\alpha(1+\cos\Delta\varphi) \\[2mm] I_2 = \dfrac{I_0}{2}\alpha(1-\cos\Delta\varphi) \end{cases} \qquad (4-7)$$

式中：

I_0——激光器发出的光注入到第一个耦合器的光强；

$\Delta\varphi$——外界因素引起的传感臂与参考臂之间的相位差，其中包括外界声信号 $S(t)$ 引起的相位差；

α——光传播过程中综合光衰减因子，其中包括耦合器的耦合率及两臂的光衰减系数，一般此类干涉仪中采用两个相同的耦合器。

在 Mach – Zehnder 干涉式光纤 AE 传感器中，通常把传感臂紧贴在被测物体表面，而声信号 $S(t)$ 作用在传感臂光纤上而使传感臂光纤的长度和折射率都变化，导致传感臂和信号臂的传输光产生相位差 $\Delta\varphi$，相位差的变化引起光电探测器的输出电压变化，然后经过适当的信号处理系统能将信号 $S(t)$ 从光强或者光电探测器的输出电压中解调出来。据此原理，可以制成测量压力或声压的光纤 AE 传感器。

3. Sagnac 干涉式光纤声发射传感器

图 4 - 5 是 Sagnac 干涉式光纤声发射传感器的结构和工作原理图。

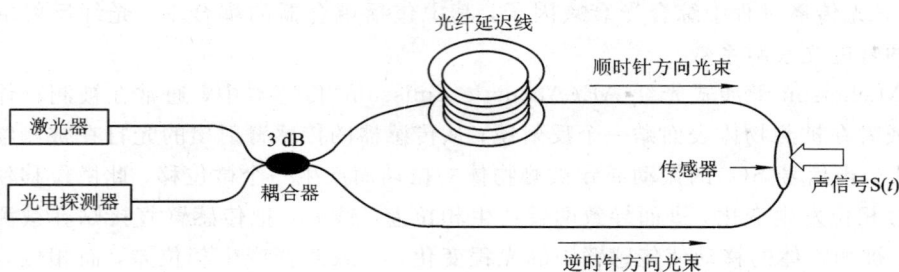

图 4 - 5　Sagnac 干涉式光纤声发射传感器原理图

激光器发出的光由一个 3 dB 的耦合器分成两束，一束先经过光纤延迟线再经过传感器，然后进入耦合器，形成顺时针方向光束；另外一束先经过传感器再经过光纤延迟线，然后进入耦合器，形成逆时针方向光束。两束光在 Sagnac 光纤环内传输一圈，再经耦合器进入光电探测器，两束光在 Sagnac 光纤环内形成静态相位差与非静态相位差。光电探测器探测到的这两束光干涉后的光强为

$$I = \frac{1}{2}I_0\left[1 + \cos(\Delta\varphi_1 + \Delta\varphi_2)\right] \qquad (4-8)$$

式中：

I_0——激光器发出的光注入到第一个耦合器的光强；

$\Delta\varphi_1$——顺时针方向光束和逆时针方向光束在 Sagnac 光纤环内传输一圈产生的静态相位差；

$\Delta\varphi_2$——声信号作用的区域内，顺时针方向光束和逆时针方向光束产生的相位差。

通过相位调制和偏振控制可以使静态相位差 $\Delta\varphi_1 = \pi/2$，这样传感器的灵敏度最大，则式(4 - 8)变为

$$I = \frac{1}{2}I_0\left[1 - \sin(\Delta\varphi_2)\right] \qquad (4-9)$$

由式(4 - 9)可以看出，光电探测器探测到的光强 I 的变化仅仅是由 $\Delta\varphi_2$ 引起的，知道光强 I 的变化，就能得知 $\Delta\varphi_2$ 的变化，进而实现对声信号 $S(t)$ 的检测。

4. Fabry - Perot 干涉式光纤声发射传感器

在 Fabry - Perot 干涉式光纤声发射传感器中，用单模光纤制成 Fabry - Perot 腔，即在光纤抛光端面镀以高反射率的反射膜，如果镀一层反射膜，就构成了双光束的干涉腔。为了提高精度，一般镀以多层介质反射膜，构成多光束干涉腔，形成多光束干涉，如图 4 - 6 所示。

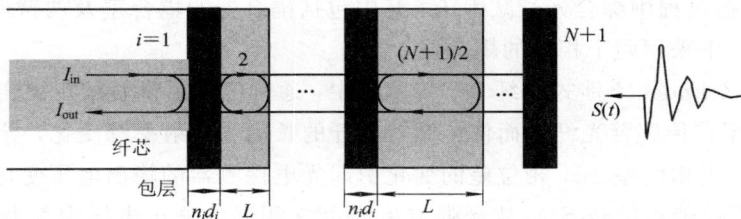

图 4 - 6　Fabry - Perot 干涉式光纤声发射传感器原理图

图 4-6 中，$I_{in}(I_{out})$ 为输入（输出）光强；L 为介质膜的厚度；$i=1,\cdots,N$，为介质膜的层数；$S(t)$ 为外界信号。若外界信号是 AE 信号，当其作用在光纤端面时，会在光纤的径向和轴向引起一个很小的微位移，从而导致光纤端面镀上的电解质膜发生弹性形变，这样 Fabry-Perot 腔体长度 d 会变化，导致干涉光的相位差发生变化，干涉条纹就会移动，通过干涉条纹的移动来实现对外界 AE 信号的检测，这样就构成了一个 Fabry-Perot 干涉式光纤声发射传感器。Fabry-Perot 干涉式光纤声发射传感器采用多光束干涉，因此其测量精度很高。

5. Fizeau 干涉式光纤声发射传感器

图 4-7 是 Fizeau 干涉式光纤声发射传感器的原理图。

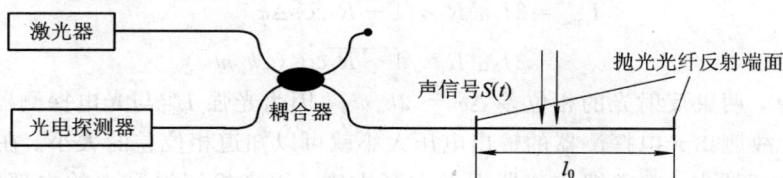

图 4-7　Fizeau 干涉式光纤声发射传感器原理图

在图 4-7 中，l_0 为光纤 Fizeau 干涉仪的探测长度，这一段长度的光纤作为光纤 Fizeau 干涉仪的传感头，$S(t)$ 为作用在探测长度为 l_0 光纤上的外界信号。从 2×2 耦合器出来的光到达第一个光纤反射端面时，一部分光反射回来；另一部分光穿透过去后沿着长为 l_0 的探测光纤传播到达第二个光纤反射端面，然后再反射回来。这样，从第一个光纤反射端面反射回来的光与从第二个光纤反射端面反射回来的光通过耦合器耦合以后发生干涉，干涉光的强度变化导致光电探测器输出电压跟着变化。

设从激光器进入光纤的光强为 I_0，与传感头相连的光纤连接长度为 l，耦合器的耦合系数（率）为 α，设抛光光纤端面反射率为 R_f，则进入传感光路的光强为 $I_0\alpha$。从第一个光纤反射端面反射回来的光的强度为

$$I_1 = I_0\alpha R_f \tag{4-10}$$

穿过第一个光纤反射端面到达第二个反射端面后再反射回来的光强为

$$I_2 = I_0\alpha(1-R_f)R_f \tag{4-11}$$

这样，这两束反射光经过耦合器后到达光电探测器的光强分别为

$$\begin{cases} I_1' = I_0\alpha^2 R_f \\ I_2' = I_0\alpha^2(1-R_f)R_f \end{cases} \tag{4-12}$$

于是得到从光纤前后两个反射端面反射回光电探测器两束光的传播函数为

$$E_1' = E_0\sqrt{\alpha^2 R_f}e^{\{-i2k_0nl\}} \tag{4-13}$$

$$E_2' = E_0\sqrt{\alpha^2(1-R_f)R_f}e^{\{-2ik_0n(l+l_0)\}} \tag{4-14}$$

式中：E_0——光源发出的光进入耦合器（图 4-7）左边光纤中的光波的振幅；

k_0——光波在真空中传播的波数，且有 $k_0=2\pi/\lambda_0$；

λ_0——光波在真空中传播的波长；

n——光纤纤芯的折射率。

对于没有包层的裸光纤端面,当光垂直入射时,根据菲涅尔公式有

$$R_f = \left(\frac{n-1}{n+1}\right)^2 \qquad (4-15)$$

当两束反射光产生干涉时,光电探测器探测到的干涉光的光强为

$$I = (E_1' + E_2')(E_1' + E_2')^*$$
$$= I_1' + I_2' + 2\sqrt{I_1' I_2'}\cos\Delta\varphi$$
$$= I_0\alpha^2 R_f\{1 + (1-R_f) + 2\sqrt{1-R_f}\cos(2k_0 n l_0)\} \qquad (4-16)$$

但是,能引起光电探测器输出电压变化的是式(4-16)中的交流项即最后一项,设式(4-11)中的交流项产生的光强为 I_{mix},则有

$$I_{mix} = 2I_0\alpha^2 R_f \sqrt{1-R_f}\cos\Delta\varphi$$
$$= 2I_0\alpha^2 R_f \sqrt{1-R_f}\cos(2k_0 n l_0) \qquad (4-17)$$

由此可见,两束反射光的相位差 $\Delta\varphi = 2k_0 n l_0$,因为光强 I_{mix} 与光电探测器的输出电压呈线性关系,故测出光电探测器的输出电压大小就可以知道相位差的大小。在 Fizeau 干涉式光纤 AE 传感器中,常常把传感器埋在混凝土中,用来检测混凝土的内部结构及寿命。因为当混凝土受压产生形变或有裂缝产生时,在其内部会产生一个 AE 信号作用在传感器的探测部分(图 4-7 中长度为 l_0 的光纤),由于光弹效应使光纤的长度及折射率均发生变化,由式(4-17)可知两束反射光的相位差 $\Delta\varphi$ 会变化,进而导致光电探测器的输出电压也变化,由此来测量出 AE 信号的相关参数。Fizeau 干涉式光纤 AE 传感器比较适合埋入混凝土内部来检测大型建筑物如桥梁、大坝等的形变及裂缝。为了消除温度引起的干扰,引入一根长度和传感臂光纤一样长的光纤作为参考臂,且采用差动检测的方法来消除温度及其它外界噪音的干扰。当然,在实际应用中,通常结合波分复用(WDM)及时分复用(TDM)技术,把光纤 AE 传感器布置在被监测对象的不同检测点来对大型建筑物进行监测。

6. Sagnac - MZ 干涉式光纤声发射传感器

现在比较复杂些的干涉式光纤声发射传感器,是两种干涉式光纤声发射传感器相结合的结果,常用的是 Mach - Zehnder 干涉式光纤声发射传感器与 Sagnac 干涉式光纤声发射传感器相结合,即组成所谓的 Sagnac - MZ 干涉式光纤声发射传感器,其结构如图 4-8 所示。

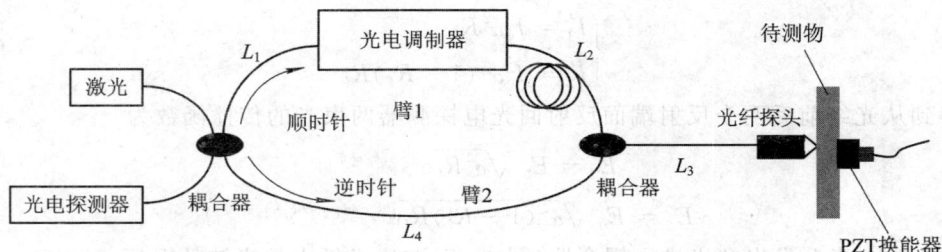

图 4-8 Sagnac - MZ 干涉式光纤声发射传感器原理图

在这种干涉式声光纤发射传感器内传播的光束有 4 束:

第一束光的传播路径:光源→耦合器→L_1→L_2→耦合器→L_3→L_3→L_4→耦合器→

探测器；

第二束光的传播路径：光源→耦合器→L_1→L_2→耦合器→L_3→ L_3 → L_2 → L_1 →耦合器→探测器；

第三束光的传播路径：光源→耦合器→L_4→耦合器→L_3 → L_3 →L_2 → L_1 →耦合器→探测器；

第四束光的传播路径：光源→耦合器→L_4→耦合器→L_3 → L_3 →L_4→耦合器→探测器。

恰当地选择两臂光纤长度差 $\Delta L = L_1 + L_2 - L_4$，仅使第一束光（顺时针方向传播的光束）和第三束光（逆时针方向传播的光束）产生干涉，则光电探测器探测到的干涉光的光强为

$$I = I_0\left[1 + \frac{2\alpha^2}{1 + 2\alpha^2 + \alpha^4}\cos(\varphi_1 + \varphi_2)\right] \tag{4-18}$$

式中：

I_0——激光器发出的光注入到第一个耦合器的光强；

φ_1——顺时针方向光束和逆时针方向光束在整个光路内传输一圈产生的静态相位差；

φ_2——声信号作用的区域内，顺时针方向光束和逆时针方向光束产生的相位差。

这种干涉式光纤声发射传感器的检测原理如下：让光纤探头在待测物体表面扫描，通过光电探测器输出的幅值电压大小来判断物体表面有无裂纹。此干涉仪有较高的空间分辨率，非常适合于工业上的无损检测。

7. 相位压缩原理及微分干涉仪

上面提到的 Mach-Zehnder、Michelson、Sagnac、Fabry-Perot 干涉仪是四种普通的干涉仪，它们都有几个共同的缺点：温度敏感，需要长相干长度的光源，信号处理电路复杂。另外，由于它们的干涉项是两束或多束干涉光相位差的余弦函数，这就限制了它们的线性输出范围。一般的双光束干涉仪为了得到最大的灵敏度，常工作在正交状态，这就意味着把干涉项的余弦函数转变成了正弦函数。如果在干涉仪的输出端用线性函数近似地替代正弦函数，且在正交工作状态下输入的相位差约为 0.25 rad，则会产生 1%的线性度误差。

如果把输出相位信号限定在干涉仪的线性范围内，那么传感器的系统将大大地简化，可以不采用复杂的电路进行信号处理及相位补偿技术。下面提到的相位压缩原理恰好能实现这种功能。基于相位压缩原理建立的微分干涉仪具有线性范围广，信号处理电路简单，对缓变的温度等环境因素不敏感，并能使用短相干长度的光源等优点。

1）相位压缩原理

相位压缩原理是指干涉仪测量的相位为干涉光束相位差的变化量，不是指普通干涉仪的相位差。这可以通过在固定的时间间隔 τ 内测量相位差获得，而时间间隔 τ 可以从延时光纤得到。所以，尽管输入调制信号超出了几个到几百个干涉条纹，但它的相位差变化量都很少，干涉仪仍工作在线性范围内。

下面以马赫-曾德尔（Mach-Zehnder）干涉仪为例来说明相位压缩原理。设干涉仪工作在正交状态，它的原理如图 4-9 所示。

由光源 S 发出的光经光纤耦合器 C_1 进入马赫-曾德尔干涉仪中，一束光经光纤延迟线延时 $\tau = nL/c$（n 为光纤芯折射率，L 为延迟光纤长度，c 为真空中的光速）和调制器 $\phi_s(t)$ 调相后得到 $x_1(t)$。

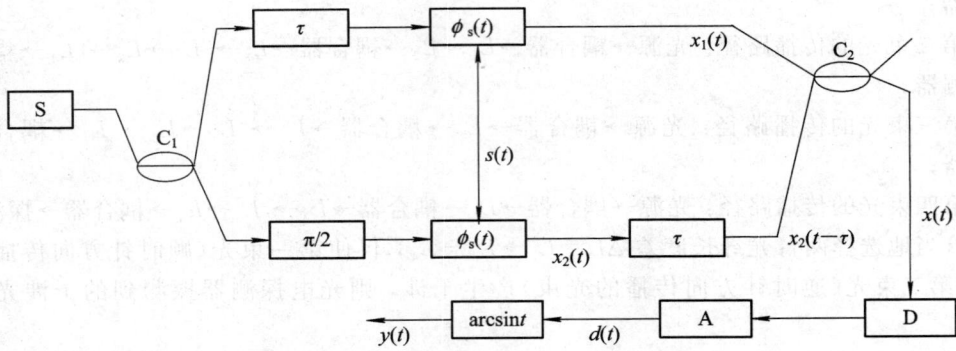

图 4 - 9 相位压缩原理图

若调制信号 $s(t)$ 为一正弦函数，则调制器数学表达式为

$$\phi_s = \varphi_{sm} \sin(2\pi f_s t) \tag{4-19}$$

式中：f_s 为调制信号频率；ϕ_{sm} 为调制相位增幅，它可以由式(4-19)得到

$$\phi_{sm} = \frac{2\pi n}{\lambda_0} \xi \Delta L \tag{4-20}$$

式中：ΔL 为信号产生的光纤长度变化量。在正交状态下，另一束光经 $\pi/2$、$\phi(t)$ 调制后得到 $x_2(t)$，再经延迟时间 τ 后为 $x_2(t-\tau)$。两束光在光纤耦合器 C_2 中干涉，得

$$x(t) = x_1(t) + x_2(t-\tau) \exp(-j\pi 2) \tag{4-21}$$

$X(t)$ 通过探测器 D、放大器 A 的交流干涉项为

$$d(t) = A \sin[\phi_s(t) - \phi_s(t-\tau)] \tag{4-22}$$

经反正弦变换后得

$$y(t) = B[\phi_s(t) - \phi_s(t-\tau)], \quad (-\pi/2 \leqslant \phi_s(t) - \phi_s(t-\tau) \leqslant \pi/2) \tag{4-23}$$

其中，A、B 为比例系数。利用傅里叶变换可证明，只要被测信号 s 在功率谱中的最高频率满足下列条件：

$$f_{smax} \leqslant \frac{1}{8\pi\tau} \tag{4-24}$$

就有调制信号变化量正比于 $\phi_s(t)$ 的微分，它的误差不大于 1%。

证明 设 $\phi_s(t)$ 的傅里叶变换像函数为 $\phi_s(jw_s)$，由傅里叶变换时间延迟知：

$$F[\phi_s(t-\tau)] = \exp(-jw_s\tau) \cdot \phi_s(jw_s) \tag{4-25}$$

所以 $\phi_s(t) - \phi_s(t-\tau)$ 的傅里叶函数为

$$[1 - \exp(-jw_s\tau)] \cdot \phi_s(jw_s) \tag{4-26}$$

而 $\tau \dfrac{d\phi_s(t)}{dt}$ 的像函数为 $jw_s\tau\phi_s(jw_s)$。

若 $\phi_s(t) - \phi_s(t-\tau) = \tau \dfrac{d\phi_s(t)}{dt}$，则应该 $\tau \to 0$，在 1% 的误差范围内有：

$$\phi_s(t) - \phi_s(t-\tau) \approx \tau \frac{d\phi_s(t)}{dt}$$

即

$$[1 - \exp(-jw_s\tau)] \approx jw_s\tau$$

应用泰勒公式可得 $w_s \tau \leqslant 0.25$，即

$$f_{smax} \leqslant \frac{1}{8\pi\tau}$$

证毕，则式(4-23)成为

$$y(t) = B\tau \frac{\mathrm{d}\phi_s}{\mathrm{d}t} \quad \left(\tau\left|\frac{\mathrm{d}\phi_s(t)}{\mathrm{d}t}\right| \leqslant \frac{\pi}{2}\right) \tag{4-27}$$

将式(4-20)代入式(4-27)，并令 $\phi_s(t) - \phi_s(t-\tau) = \phi_{sm}(t)$，可得相位差变化量幅值 ϕ_{snm} 为

$$\phi_{snm} = \frac{4\pi^2 n^2 \xi L f_s \Delta L}{c\lambda_0} \tag{4-28}$$

及信号频率与光纤长度变化量不等式为

$$\Delta L f_s L \leqslant \frac{c\lambda_0}{8\pi n^2 \xi} \quad \text{或} \quad \phi_{sm} f_s \tau \leqslant \frac{1}{4} \tag{4-29}$$

定义相位压缩系数为相位差幅值与相位差变化量幅值之比，即

$$\mathrm{PCF} = \frac{\phi_{sm}}{\phi_{snm}} = \frac{C}{2\pi n L f_s} = \frac{1}{2\pi f_s \tau} \tag{4-30}$$

若 $L = 3$ km，$f_s = 50$ Hz，$\lambda_0 = 1.3\ \mu\mathrm{m}$，$n = 1.46$，$\Delta L = 2\ \mu\mathrm{m}$，则 $\phi_{sm} = 11.01$ rad，$\phi_{snm} = 0.05$ rad，于是 PCF = 220.2。由上述分析可知，在被测信号调制下，尽管信号光束和参考光束之间的相位差幅值(11.01 rad)都很小，相当于相位压缩了 220 倍，但干涉仪仍工作在线性区内。

由式(4-28)可以看出，相位压缩原理的相位变化量与信号频率、延迟线长度与光纤的长度变化量成正比，当频率小或延迟线短时，相位检测信号就小。所以，利用此原理建立的干涉仪对缓慢变化的温度不敏感。另外，小的延迟也不会产生明显的干涉效果。但 f_s、τ 和 ΔL 也要有一定的限制，基于式(4-26)和式(4-28)可知：

$$\Delta L f_s \tau \leqslant \frac{\lambda_0}{8\pi n \xi} \tag{4-31}$$

根据上面提供的数据，可画出 ΔL 和 $f_s \tau$ 的关系曲线，如图 4-10 所示，$\pi/8$ 阈值以左、曲线下面的区域即为满足相位压缩原理的区域。

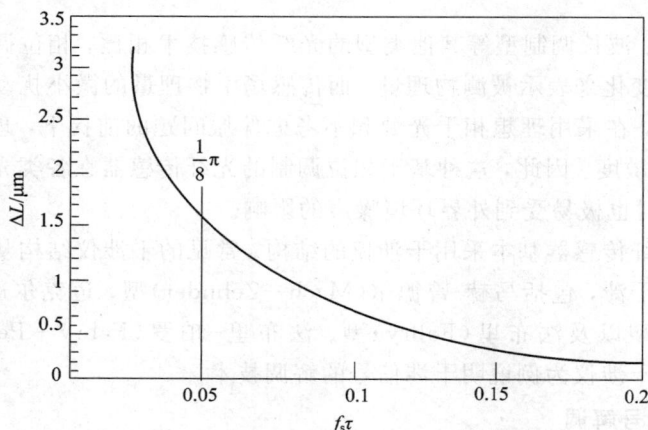

图 4-10　$\lambda_0 = 1.3\ \mu\mathrm{m}$ 波长相位压缩原理特性工作区域图

2) 微分干涉仪

基于相位压缩原理建立的干涉仪称为微分干涉仪，但是以图 4-9 所示的形式建立的干涉仪并不一定是实用的微分干涉仪。

在图 4-9 中有两个延迟线圈和两个调制器，这不仅使结构复杂，也增加了干涉仪的成本。图 4-11 设计了一种实用的微分干涉仪，它仅用一个延迟线圈和一个调制器就能达到相位压缩的目的。图中光路系统由非平衡 Maeh-Zehnder 干涉仪组成。一个激光二极管 S 用来作为光源，为防止光的反射，光隔离器 IS 被放在光源与光纤之间。光纤耦合器 C_1 和 C_2 之间为非平衡 Maeh-Zehnder 干涉仪，两臂不平衡光路长约为 16 cm，远大于光源的相干长度，故在耦合器 C_2 中没有干涉现象，只有顺时针经光路 $11'\to22'\to2'2\to3'3$ 和逆时针经光路 $33'\to22'\to2'2\to1'1$ 的两路光束返回到耦合器 C_1 中才产生干涉。图中，τ 为延迟光纤环，延迟光纤长为 1.5 km，$\tau=0.0146$ ms；R 为光纤反射端面，PZT 为信号调制器。参考臂的 PC 为偏振控制器，用它调整干涉仪使参考光与信号光工作在正交状态。由分析可知，该装置与图 4-9 所示的原理图等效，但图 4-11 仅用了一个调制器和一个延迟线就实现了相位压缩的功能，因此，它具有实用、简单的特点。

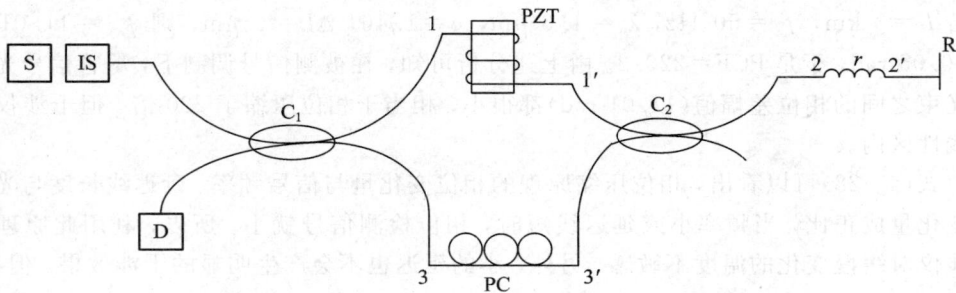

图 4-11 基于相位压缩原理建立的微分干涉仪

4.2.3 相位调制型光纤传感器的信号解调技术

1. 简单介绍

与强度调制型、波长调制型等其他类型的光纤传感技术相比，相位调制型光纤传感器以光纤中光的相位变化来表示被测物理量，而传感场中物理量的微小扰动就会引起光纤中光相位的明显变化，在采用理想相干光源和不考虑偏振问题的前提下，理论上这种相位检测可达 10^{-6} 的高灵敏度。因此，这种基于相位调制的光纤传感器在各类光纤传感器中具有最高的灵敏度，同时也极易受到外界环境噪声的影响。

相位调制型光纤传感器基本采用干涉仪的结构。常见的干涉仪结构从原理上可分为双光束干涉和多光束干涉，包括马赫-曾德尔（Mach-Zehnder）型、迈克尔逊（Miehelson）型、赛格纳克（Sagnac）型以及法布里（Fabry）型、法布里-珀罗（Fabry-Perot）型。本节以 Mach-Zehnder 型干涉仪为例说明干涉信号的解调技术。

2. 干涉仪的信号解调

我们需要采用信号处理的方法，从干涉仪输出的变化光强中解调出相位变化信号，从而进一步得到传感信号。根据参考臂中光频率是否改变，可将这些解调技术分成两大类：一类是零差方式（Homodyne），另一类是外差方式（Hterodyne）。

在零差方式下，解调电路直接将干涉仪中的相位变化转变为电信号。零差方式又包括主动零差法（Actlve Homodyne Method）和被动零差法（Passive Homodyne Method）。

在外差方式下，首先通过在干涉仪的一臂中对光进行频移，产生一个拍频信号，干涉仪中的相位变化再对这个拍频信号进行调制，最后采用电子技术解调出这个调制的拍频信号。外差方式包括普通外差法（True Heterodyne Method）、合成外差法（Synthetic Heterodyne Method）和伪外差法（Pseudo Heterodyne Method）。

一般情况下，和零差法相比，外差法的相位解调范围要大很多，但是解调电路也要复杂得多。下面对各种解调方法作一个简单的介绍。

1）主动零差法

普通的光纤干涉仪如果不附加额外的相位控制部分，其初始相位工作点会因外界环境的微扰而处于不断的随机变化中，这种相位工作点的漂移给检测相位信号造成了极大困难。

在主动零差法中，需要"主动"地控制干涉仪参考臂的长度，使得干涉仪工作在正交工作点处，即两臂相位差 $\Delta\varphi = \pi/2$。常见的主动零差法包括两种：主动相位跟踪零差法（Active Phase Tracking Homodyne，APTH）和主动波长调谐零差法（Active Wavelength Tuning Homodyne，AWTH）。

对于主动相位跟踪零差法，通常在干涉仪的参考臂中引入一个相位调制器，干涉仪的输出信号经过一个电路伺服系统的处理后，反馈控制相位调制器，动态改变参考臂的相位，从而保持干涉仪两臂的相位差 $\Delta\varphi = \pi/2$。常用的相位调制器如压电陶瓷（PZT）可利用压电效应用电信号改变缠绕在 PZT 上的光纤长度。

主动波长调谐零差法则略有不同，干涉仪的输出信号经过处理后，反馈控制光源的驱动电路，使得光源的波长发生改变。这种零差解调方案要求干涉仪两臂存在一定的非平衡性。

假设光源的波长为 λ，干涉仪两臂长度差为 l，光纤折射率为 n，则当光源波长改变 $\Delta\lambda$ 时，干涉仪两臂的相位差将改变，即

$$\Delta\varphi = \frac{2\pi nl}{\lambda^2} \cdot \Delta\lambda \qquad (4-32)$$

对于常用的半导体激光器，可以通过改变工作电流的方法来改变光源波长。和主动相位跟踪零差法相比，主动波长调谐零差法更容易受到光源相位噪声的影响。

主动零差法的优点是结构简单，易于实现，受外界噪声影响小，但传感器的动态范围受光纤传感器相位调制技术和检测反馈电路的限制，而传感器的相位解调范围仍然受到限制，采用的相位调制器对传感系统的频率响应等有一定影响。另外，PZT 等电子有源补偿器件对光纤传感器系统的频率响应也有一定影响。

2）被动零差法

在被动零差法中，不控制干涉仪的工作点，此时干涉仪两臂的相位差 $\Delta\varphi_0$ 将不断改变，从而引起干涉仪两个输出的不断改变。当干涉仪一个臂的输出完全减弱时，干涉仪另一臂的输出将最强。若使用这两个信号进行信号的解调，可使系统始终保持最佳灵敏度。

被动零差法也有很多种实现形式，现介绍其中最常用的微分交叉相乘法。仍然令 $\Delta\varphi$ 和 φ_0 分别代表干涉仪的相位变化和初始相位。通过某种方法，可以得到如下的两个正交分量：

$$\begin{cases} W_1 = A\cos\left[\Delta\varphi(t) + \varphi_0 + \dfrac{\pi}{2}\right] \\ W_2 = A\cos\left[\Delta\varphi(t) + \varphi_0\right] \end{cases} \qquad (4-33)$$

其中：A 是一个代表幅度的常数。

再分别对 W_1 和 W_2 进行微分，有

$$\begin{cases} \dfrac{dW_1}{dt} = -\dfrac{d\Delta\varphi(t)}{dt}A\cos\left[\Delta\varphi(t) + \varphi_0\right] \\ \dfrac{dW_2}{dt} = -\dfrac{d\Delta\varphi(t)}{dt}A\sin\left[\Delta\varphi(t) + \varphi_0\right] \end{cases} \qquad (4-34)$$

将式(4-33)代入式(4-34)，有

$$W_0 = W_1\frac{dW_2}{dt} - W_2\frac{dW_1}{dt} = A^2\frac{d\Delta\varphi(t)}{d(t)} \qquad (4-35)$$

将式(4-35)的两边分别积分，最终得到

$$\Delta\varphi(t) = \frac{1}{A^2}\int W_0\,dt + K \qquad (4-36)$$

式中：K 为积分常数。

可以看出，此时得到的 $\Delta\varphi$ 是一个相对相位，这在通常的应用中都是可以接受的。

还有多种方法可以得到式(4-33)中的 W_1、W_2 项。常见的方法包括相位载波生成法（Phase Generated Carrier，PGC）和 3×3 耦合器法。相位载波生成法利用对光源进行调频或者对干涉仪的一臂进行相位调制，在干涉信号中引入相位载波信号，最终完成信号的解调。

3×3 耦合器法的思路比较简单，如图 4-12 所示，干涉仪中的第二个耦合器使用了一个 3×3 耦合器，此时在 3 个探测器处的信号为：

$$\begin{aligned} V_1 &= a + b\cdot\cos(\Delta\varphi + \varphi_0) + c\cdot\sin(\Delta\varphi + \varphi_0) \\ V_2 &= -2b[1 + \cos(\Delta\varphi + \varphi_0)] \\ V_3 &= a + b\cdot\cos(\Delta\varphi + \varphi_0) - c\cdot\sin(\Delta\varphi + \varphi_0) \end{aligned} \qquad (4-37)$$

式中：a、b、c 是和耦合器性能相关的常数。

容易看出，通过将式(4-37)中的 V_1 和 V_3 分别进行加、减运算，就可以得到式(4-33)。

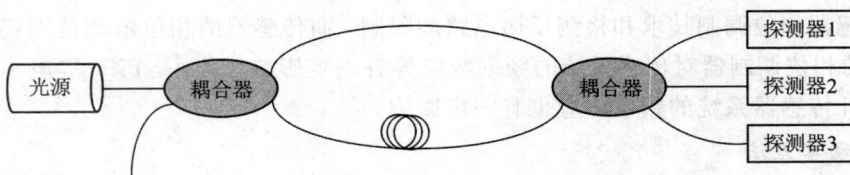

图 4-12 使用 3×3 耦合器的被动零差法原理图

被动零差法的动态范围仍然受到解调电路的限制，但传感器的相位解调范围大大增

加，理论上没有限制，而且被动零差法对光源的相位噪声不敏感。不过，被动零差法的解调电路要比主动零差法复杂得多。

　　3）普通外差法

　　普通外差法的原理如图 4 – 13 所示。

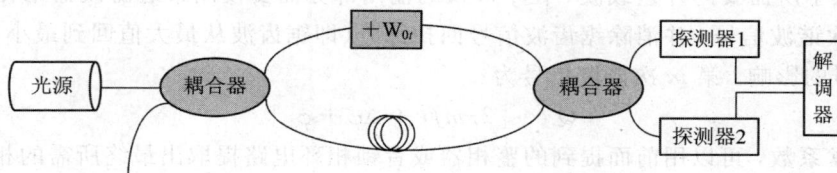

图 4 – 13　外差解调法的原理图

　　在外差解调中，干涉仪的参考臂中引入了一个移频器（例如布拉格盒），此时干涉仪的输出信号可以写成如下形式：

$$W_{\text{out}} = \frac{1}{2} W_{0t} I_0 [1 + V \cos(\omega_0 t + \Delta\varphi + \varphi_0)] \tag{4-38}$$

　　与干涉信号的通式相比，式（4 – 38）中多了代表频率移动的 W_{0t} 项。通过鉴频器或者锁相环可以解调出其中的相位变化 $\Delta\varphi$。

　　4）合成外差法

　　普通外差法中的关键器件是移频器，常用的布拉格盒移频器难以集成到光纤系统中。合成外差法和下面要讲的伪外差法都可以避免移频器件的使用，以简化系统。

　　在合成外差法中，干涉仪的参考臂中引入了一个相位调制器，并且用高频大幅度的正弦信号控制相位调制器。设调制信号的振幅为 φ_{m}，频率为 ω_{m}，则干涉仪的输出为

$$W_{\text{out}} = \frac{1}{2} W_{\text{m}} I_0 [1 + V \cos(\omega_0 t + \Delta\varphi + \varphi_0)] \tag{4-39}$$

　　由于相位的调制幅度 φ_{m} 很大，因此在式（4 – 39）中 ω_{m} 的谐波分量将十分显著。利用和式（4 – 37）相同的分析方法，可以得到干涉仪输出的一次谐波分量和二次谐波分量分别为：

$$C \sin(\Delta\varphi + \varphi_0) J_1(\varphi_{\text{m}}) \cdot \sin(W_{\text{m}} t) \tag{4-40}$$

$$P \cos(\Delta\varphi + \varphi_0) J_2(\varphi_{\text{m}}) \cdot \sin(W_{\text{m}} t) \tag{4-41}$$

式中：C、P 为常系数。

　　这两个谐波分量可以利用带通滤波器，从干涉仪的输出信号中产生。两个谐波分量分别再和频率为 $2\omega_{\text{m}}$ 和 ω_{m} 的本振信号相乘，并取出其中频率为 $3\omega_{\text{m}}$ 的分量后，表示如下：

$$C \sin(\Delta\varphi + \varphi_0) J_1(\varphi_{\text{m}}) \cdot \sin(3W_{\text{m}} t) \tag{4-42}$$

$$P \cos(\Delta\varphi + \varphi_0) J_2(\varphi_{\text{m}}) \cdot \sin(3W_{\text{m}} t) \tag{4-43}$$

　　适当选取调制幅度，使得式（4 – 42）与（4 – 43）中两信号的差为

$$\cos[3\omega_{\text{m}} - (\Delta\varphi + \varphi_0)] \tag{4-44}$$

此合成外差信号可通过鉴相器或者锁相环电路加以解调。

　　5）伪外差法

　　伪外差法可以不用移频器件。在伪外差法中，常用一个锯齿波调制激光器的工作电流，而相应的干涉仪则必须是非平衡的，即保证一定的光程差。电流调制的作用是调制激光器的频率。光源频率的改变造成干涉仪中的相位变化为

$$\Delta\varphi_s = \frac{2\pi l\Delta f}{c} \qquad\qquad (4-45)$$

当锯齿波处于上升沿阶段时，频率的线性改变将导致干涉仪中相位的线性改变。通过调整锯齿波的波形可以使得一个锯齿波调制周期内干涉仪相位改变 m 个整周期，从而在干涉仪中引入了所需要的外差载波。在干涉仪的输出部分需要使用带通滤波器来提取调制频率的第 m 次谐波信号，并消除锯齿波信号回扫部分（即锯齿波从最大值回到最小值的部分）对解调信号的影响。第 m 次谐波信号为

$$Q\cos[2\pi mft + \Delta\varphi + \varphi_0] \qquad\qquad (4-46)$$

式中 Q 为常系数，可以用前面提到的鉴相器或者锁相环电路提取出最终所需的相位调制信号。伪外差法也可以使用正弦波对工作电流进行调制，此时的分析略有不同。

在三类外差法中，普通外差法的相位解调范围最大，在理论上没有限制，但需要特殊的移频器件。合成外差法的相位解调范围也很大，但是解调电路的复杂性也最高。伪外差法在各方面的性能比较平衡，是现在常用的外差解调方法。三种外差解调方法都对激光器的相位噪声很敏感。

3. 光纤锁相环方法

光纤锁相环方法用于光纤干涉仪的解调。其优点在于结构简单，电路复杂性低，信号畸变小，系统处于线性状态等。但是实现该方法需要解决稳定性的问题。本节在光纤干涉仪锁相环系统的基本理论基础之上，对系统的稳定性问题进行简要的介绍。

1) 光纤锁相环的原理

光纤锁相环又称直流相位跟踪法。为了充分理解其物理意义，首先对相位漂移引起的干涉信号衰落现象进行描述。

本节中用到的 Michelson 光纤干涉仪输出光强可表示为

$$I = I_0\{1 + \cos[S(t) + \varphi_s - \varphi_r]\} \qquad\qquad (4-47)$$

式中：$S(t)$ 表示待测信号；φ_s 和 φ_r 分别为信号臂和参考臂的随机漂移相位。假设干涉信号可见度为 1，将式（4-47）展开，并考虑到 $S(t)$ 很小，近似得

$$I = I_0\{1 + \cos(\varphi_s - \varphi_r) - S(t)\sin(\varphi_s - \varphi_r)\} \qquad\qquad (4-48)$$

当干涉仪处于正交工作点，即满足

$$\varphi_s - \varphi_r = 2m\pi \pm \frac{\pi}{2} \qquad\qquad (4-49)$$

$$I = I_0[1 \pm S(t)] \qquad\qquad (4-50)$$

时，灵敏度最大。随着两臂相位的随机漂移，干涉仪偏离正交工作点，造成输出信号的衰落。当 $(\varphi_s - \varphi_r)$ 等于 π 的整数倍时，将无法探测到信号。

从上述可知，为了得到高灵敏度的测量结果，需要将干涉仪输出信号相位进行锁定，使之满足式（4-49），这就是光纤锁相环得名的由来。为了锁定干涉仪输出信号相位，使式（4-49）得到满足，需要在干涉仪参考臂上加入一个相位反馈装置。光纤锁相环的系统框图如图 4-14 所示。

图 4-14 中的压电陶瓷（PZT）是一个相位反馈的装置，利用 PZT 的压电效应，可以通过在其上加电压使其产生形变，相应的形变传递到参考臂上，引起参考臂光程改变，从而改变干涉仪的输出相位。如何控制加到 PZT 上的电压使式（4-49）得到满足，以及满足式

(4-49)之后系统如何稳定工作，是一个关键问题。

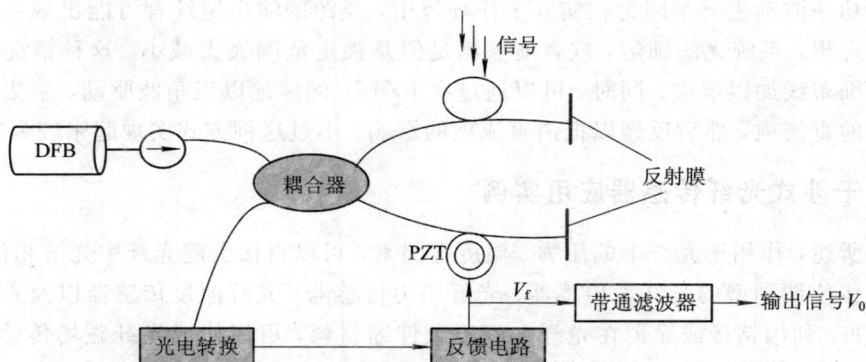

图 4-14　光纤锁相环系统结构图

2) 系统稳定性分析

实际应用干涉仪时，系统失稳的原因主要有两点。

(1) 温度漂移和有限电源电压。

实验结果表明，温度每升高一度，同轴型光纤干涉仪相位漂移 10^{-4} rad 左右，而一般工作时待测信号幅度不超过 10 rad。在温度漂移很大时，对于光纤锁相环系统而言，为了能够使反馈信号忠实地反映实际信号的变化，通过反馈网络加到 PZT 上的电压相应增加。而反馈网络是由运算放大器等电路元件组成的，具有一定的工作电压范围，当温度漂移的幅度要求反馈系统电压必须大于电源电压才能完全补偿时，系统将饱和，这将导致无法有效补偿。同时，由于温漂的频率往往比信号频率小得多，在通过反馈系统的积分环节时，积分结果会持续地增加，进一步使系统饱和。后者往往更为严重，因为斜率过载可以通过减小反馈增益来改善，而积分器过载则需要专门的复位装置。

图 4-15 给出了一个复位系统示意图。该系统的基本想法是：当温度漂移积累到超过一定值时就将电路复位。在图 4-15 中，将加到 PZT 上的信号引出，然后将其取绝对值，以保证信号为正，同时将绝对值电路输出信号和一个固定电压(略低于电源电压)进行比较，比较的结果是一个二进制的高低电平，用来控制开关，使电路中容易积累电荷的电容放电，这样就可以使系统复位重新进入正常工作状态。

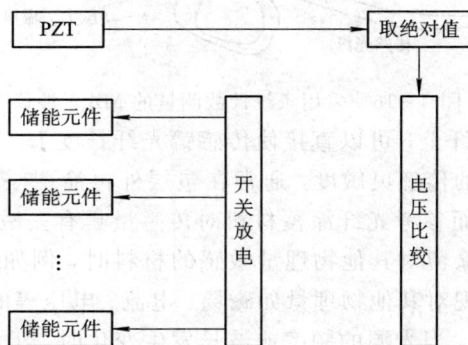

图 4-15　光纤锁相环复位系统示意图

（2）光源功率波动。

光源功率波动主要是因为在实际工作环境中，光源的输出尾纤有可能出现弯曲而造成消直流不理想，系统无法锁定，或者能够满足但是锁定范围大大减小。这种情况必须通过对光纤仔细布线加以解决。同时，可以通过在 PZT 上间续地以三角波驱动，采集光纤传感系统输出的直流项，然后反馈以抵消直流项的影响。不过这种方式实现起来较为复杂。

4.2.4 干涉式光纤传感器应用实例

如上所述，作用于光纤上的压力、温度等因素，可以直接引起光纤中光波相位的变化，从而构成相位调制型的光纤声传感器、光纤压力传感器、光纤温度传感器以及光纤转动传感器。例如：利用粘接或涂覆在光纤上的磁致伸缩材料，可以构成光纤磁场传感器；利用涂覆在光纤上的金属薄膜，可以构成光纤电流传感器；利用固定在光纤上的电致伸缩材料，可以构成光纤电压传感器；利用固定在光纤上的质量块，可以构成光纤加速度计。另外，在光纤上镀以特殊的涂层，可以构成作为特定的化学反应或生物作用的光纤化学传感器或光纤生物传感器，如在单模光纤上镀以 $10~\mu m$ 厚的钯，就可构成光纤氢气传感器。

1. 干涉式光纤位移传感器

干涉式光纤位移传感器是一种双光路干涉仪，在输出端产生的光场强度 I 可简单地表示为

$$I \propto 1 + \cos(2\pi m) \tag{4-51}$$

其中：m 为干涉级数，$m = \Delta l / \lambda$ 或 $m = f\tau$。

因此，当外界因素产生相对光程差 l，以及传播光频率或光波长发生变化时，都将引起两臂中的光相位或干涉条纹 m 的变化，即干涉条纹的移动对应于被测物理量的变化。用条纹移动方法来检测待测量的 Mach – Zehnder 干涉仪如图 4-16 所示。

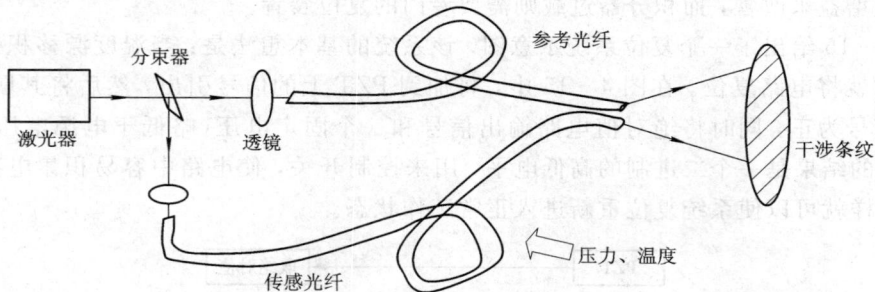

图 4-16 采用条纹计数测量的 MZ 干涉仪

外界作用力作用在光纤上，可以直接使传感臂光纤长度 L、直径 d 及折射率 n 产生变化。为了改善光纤对压力的传感灵敏度，通常在包层外再涂覆一层特殊材料。传感臂上的涂覆材料具有增敏特性，而参考光纤涂覆材料对传感量具有去敏特性，这样可以有效提高检测信噪比。当光纤表面涂覆对其他物理量敏感的材料时，例如磁致伸缩材料、铝导电膜和压电材料等，就可以实现对其他物理量如磁场、电流、电压等的检测。

把两臂的光程 f 固定，当光源的频率或波长发生变化时，干涉条纹的级数也会随之变化。因为激光频率取决于激光谐振腔的长度，故任何能引起激光腔长的位移变化都可以做成位移传感器，用公式表示为

$$|dz| = \frac{z \cdot \lambda dm}{\Delta l} \tag{4-52}$$

式中：dm 为干涉条纹级数微变量；z 为激光谐振腔的长度；l 为光纤长度；λ 为激光谐振腔中的光波长。

根据该式可以计算出对 1 km 长光纤和 5 cm 长的激光腔，用电子方法准静态测量得到的条纹移动量 dm 达到 10^{-3} 时，可测量 2.2×10^{-5} nm 的腔长位移。可见，相位干涉式传感器检测位移的灵敏度极高。

由于位移检测是机械量检测的基础，故许多机械量都可以转换成位移的变化，再用光纤移位传感器进行检测。因此，只要对光纤位移传感器做适当的改进，就可以测量变形、压力、加速度、水声等多种机械量。

2. 光纤加速度传感器

加速度有各种形式，如直线加速度、曲线加速度及振动加速度等。光纤加速度传感器最适合测量微小振动加速度。

1）普通振动加速度传感器

普通振动加速度传感器的原理框图如图 4-17 所示。它是把由重物、弹簧、阻尼器组成的振子固定在框架上构成的。当框架随振动物体做低频振动时，重物上产生一个与运动方向相反的惯性力，$f = ma$。由于惯性力的作用，引起重物相对于框架作加速运动，这时框架与重物之间的距离 x 发生相应变化，其变化量 Δx 与惯性力成比例，即与物体的振动加速度成比例。

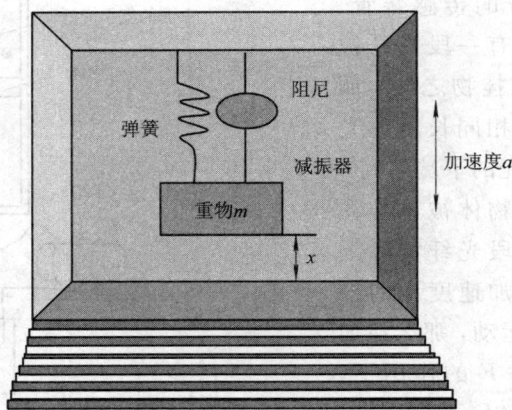

图 4-17 加速度传感器框图

当振动频率提高到振子的固有振动频率时，将产生共振，这时距离的变化量与加速度不存在一定的比例关系。如果振动频率进一步提高，振子的重物运动跟不上框架的快速振动，重物就停止振动，呈现相对静止状态。这时 Δx 表示框架振动时的位移，所以，当振动频率高于振子的固有频率时，加速度传感器只起位移计的作用，可测量位移量。因此，加速度传感器是以共振条件为界限的，低频时测量加速度，高频时测量位移。对于确定的测量对象，必须精确选定振子的共振频率。

2）相位调制型光纤加速度传感器

图 4-18 所示为相位调制型光纤加速度传感器的原理图。由图可见，光纤代替了图

4-17 中的弹簧。当框架振动时，光纤受重物的惯性力作用产生应变，且长度的变化是与被测加速度或位移成比例的。图 4-18(a)表示两段光纤共同工作的振子；图 4-18(b)表示一段光纤工作的振子。

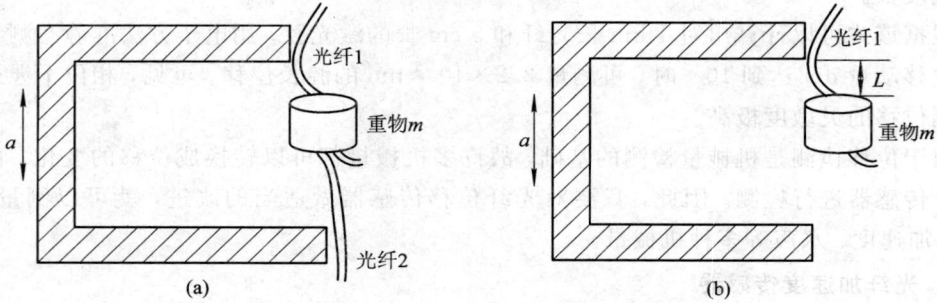

图 4-18 相位调制型光纤加速度传感器

这里介绍双光纤光加速度计。双光纤光加速度计主要是利用两根光纤之间悬挂的物体，因加速产生的作用力而引起光纤长度变化。其结果是：干涉仪一臂受到的拉应力增大，而另一条光纤臂受到的拉应力减小。图 4-19 示出了根据此原理制成的传感装置。图中，干涉仪一条臂中有一段光纤被固定在外壳的上端与悬挂物之间，而干涉仪另一条臂中一段相同长度的光纤则固定在悬挂物与外壳的下端之间。

这样，质量为 m 的物体被悬挂在两段光纤的中间，而两段光纤实际上成为两个弹簧。如果让加速度计的外壳以加速度 a 垂直向上运动，那么在加速该物体所需的作用力 F 的作用下，上面的一段光纤将伸长 ΔL，下面的一段光纤则缩短 ΔL，这一过程可表示为

$$F = 2A\Delta T = ma \qquad (4-53)$$

式中：A 是光纤的横截面积；T 是每根光纤中拉应力变化的幅度；系数 2 来源于两根伸长和缩短的光纤。

产生的应变 $\Delta\varepsilon$ 可用下式表示：

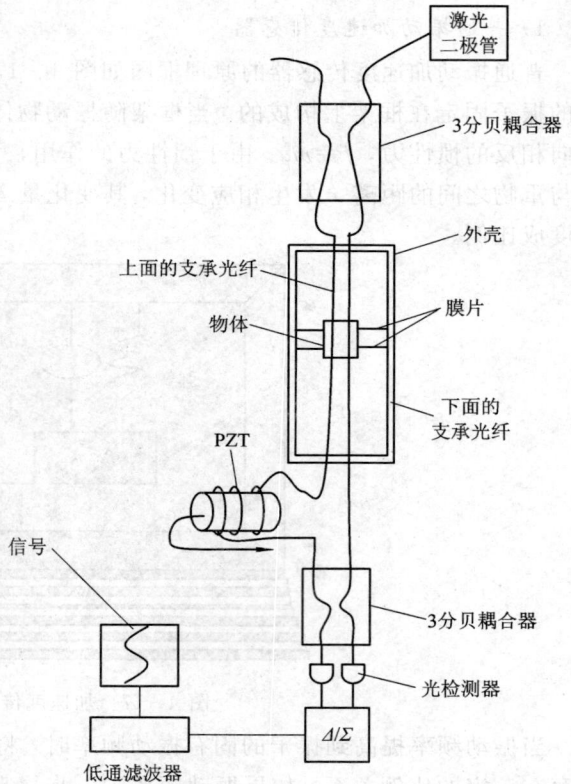

图 4-19 双干涉型光纤振动传感器结构图

$$\Delta\varepsilon = \frac{\Delta L}{\varepsilon} = \frac{ma}{2EA} \qquad (4-54)$$

式中：E 是光纤的杨氏模量。

3）干涉型光纤振动传感器

干涉型光纤振动传感器常用于现场监测，测量的频率范围为 20～200 Hz，测量的振幅为几十纳米到数微米。

图 4-20 和图 4-21 分别表示检测垂直振动分量和表面振动分量的传感器原理图。

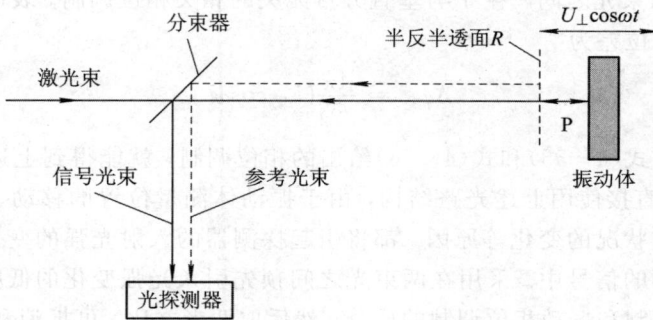

图 4-20　检测垂直振动分量的光纤振动传感器原理图

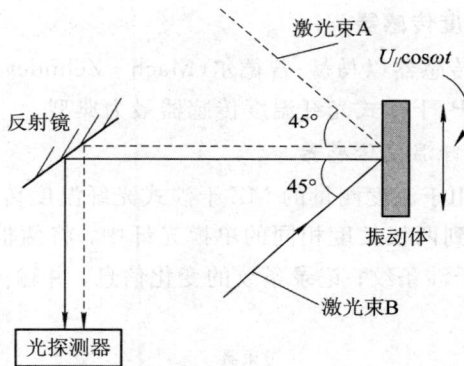

图 4-21　检测表面振动分量的光纤振动传感器原理图

可以看出，要检测的振动分量引起反射点 P 运动，从而使两激光束之间产生相关的相位调制。激光束通过分束器、光纤入射到振动体上的一点，反射光作为信号光束，经过同一光学系统被引入到探测器。参考光束是从部分透射面 R 上反射产生的。在实际系统中，是用光纤输出端面作为 R 面。由图 4-20 可以看到，信号光束只受到垂直振动分量 $U_\perp(U_0 \times \cos\omega t)$ 的调制。由于振动体使反射点靠近或远离光纤，从而改变了信号光束的光路长度，相应改变了信号光和参考光的相对相位，产生了相位调制。信号光与参考光之间的相位差为

$$\Delta\varphi_\perp = \frac{4\pi}{\lambda}U_\perp \cos\omega t \qquad (4-55)$$

式中：λ 是光纤中传输光的波长；ω 是光纤中传输光的光波角频率。

同一光源发出的激光束 A 和 B，分别以与振动体表面法线成 ±45° 的方向入射到振动体表面上的一点 P，然后沿表面法线方向散射，散射光通过中间光纤被引导到探测器。在这种情况下，仅由信号光束的平行分量 $U_\parallel \cos\omega t$ 引起反射点的上下运动，使得信号光束的

光路长度发生变化。在反射点向上移动的瞬间，激光束 A 靠近反射点，这样就缩短了到探测器的光路长度；相反，激光束 B 则增加了到探测器的光路长度。这两个光路长度的变化大小相等，但符号相反，即为 $\pm\sqrt{2}\,U_{/\!/}\cos\omega t$。这时，反射点垂直振动分量在左右方向振动，由于垂直振动分量引起的两束光的光路长度变化为同值同符号，不会引入附加的相位变化，因此，A、B 两束光之间产生了与垂直分量无关的相关相位调制。表面振动分量所产生的两束光之间的相位差为

$$\Delta\varphi_{/\!/} = \frac{4\pi}{\sqrt{2}\lambda}U_{/\!/}\cos\omega t \qquad\qquad (4-56)$$

如果解调检测式(4-55)和式(4-56)给出的相位调制，就能得到上述相应振动分量的振幅。但是，如果直接使用上述光路结构，由于振动体测量位置的移动、反射光强的变化以及光学系统调整状况的变化等原因，都将引起探测器的入射光强的变化，这种变化的影响也会混入被解调的信号中。采用在两束光之间预先引入光强变化的低频相位调制，同时检测引入的相位调制和振动相位调制的成分，然后取两者之比，可抵消和去除上述影响。

根据选用的低频相位调制的最大相位偏移量的大小，消除进入探测器光强的波动方法有高相位偏移调制法和低相位偏移调制法两种。

3. 相位调制型光纤温度传感器

相位调制型光纤温度传感器以马赫-曾德尔(Mach-Zehnder，MZ) 光纤干涉仪和法布里-珀罗(Fabry-Perot，FP)干涉式光纤温度传感器最为典型。

1) Mach-Zehnder 光纤温度传感器

图 4-22 描绘了最早用于温度测量的 MZ 干涉式光纤温度传感器结构。相干光源发出的光束经分束后分别入射到两根长度相同的单模光纤中，将两根光纤的输出端并在一处，则两光束产生干涉，出现干涉条纹；记录条纹的变化信息，并输入到合适的数据处理系统，即可得到测量结果。

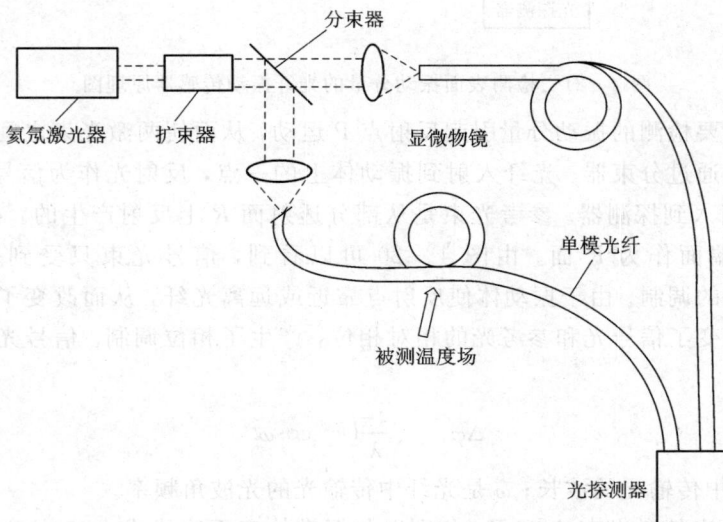

图 4-22 最早的 MZ 干涉式光纤温度传感器结构

光纤的温度灵敏度前面已经介绍过。若干涉仪用的单模光纤的规格和长度已知，则光纤温度灵敏度等有关参数就是确定的值。表 4-1 给出了一种典型单模光纤的各个特性参数值。根据表内提供的数据，可计算出光纤的温度灵敏度以及有关的项。

表 4-1 单模光纤材料特性

特性参数	纤芯	包层	外包层	一次涂覆
成分	—	$95\%SiO_2+5\%GeO_2(0.1\%)$	SiO_2	硅橡胶
直径/μm	4	26	84	250
杨氏模量 E/(10^5 N/cm^2)	72	65	72	0.0035
泊松比 υ	0.17	0.149	0.17	0.499 47
P_{11}	0.126	—	—	—
P_{12}	0.27	—	—	—
n	1.458	—	—	—
热膨胀系数/10^{-6}	0.55	1.02	0.55	—

从上述可以看出，对于高石英含量的裸光纤，其温度灵敏度基本上决定于温度折射率效应，这主要是石英的热膨胀系数极小的缘故。护套光纤的温度灵敏度比裸光纤大得多，这说明护套层的杨氏模量和热膨胀系数对于光纤传感器的温度灵敏度有着重要影响。

对于各种不同的多组分玻璃，由于它们的折射率和热膨胀系数不同，所以温度灵敏度也不同。利用 SiO_2 光纤进行测量，测得其温度灵敏度与计数值十分吻合。

2）Fabry-Perot 光纤温度传感器

此种传感器是由法布里-珀罗光纤干涉仪组成的。这种干涉仪的特点是 FP 光纤干涉仪中光纤本身的多次反射所形成的光来产生干涉，同时可以采用很长的光纤来获得很高的灵敏度。此外，由于它只用一根光纤，所以干扰问题比马赫-曾德尔干涉仪少得多。

FP 光纤温度传感器的典型结构如图 4-23 所示。它包括 He-Ne 激光器、起偏器、显微物镜（×20）、压电变换器（PZT）、光探测器、记录仪以及一根作为 FP 干涉腔的单模光纤等。FP 光纤是一根两端面均抛光并镀有多层介质膜（反射率 $R=60\%\sim90\%$）的单模光纤，其纤芯直径 $2a=4$ μm，材料为 SiO_2，包层直径 $d=125$ μm，材料为 SiO_2；最外层是直径为 0.9 mm 的尼龙护套。光纤的长度为 0.01～100 m。

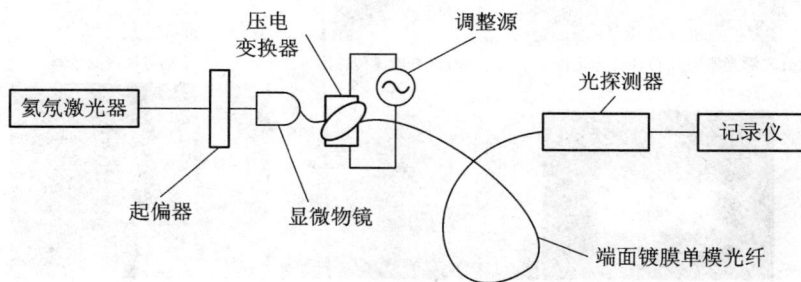

图 4-23 Fabry-Perot 干涉式光纤温度传感器结构图

4. 光纤 Rayleigh 干涉式测距仪

图 4-24 所示的光纤 Rayleigh 干涉仪是一种用光纤进行远距离传感的干涉仪。所用的光纤是高双折射光纤，以使两正交偏振态的光在其中传播。激光器发出的线偏振光以与光纤正交偏振轴成 45°角射入光纤，用自聚焦透镜把光耦合进光纤。这样，两正交偏振态的光将沿着光纤输入用于量测的干涉仪（干涉仪可以是任何类型的）。由干涉仪返回的光信号再经光纤，通过 Wollaston（渥拉斯顿）棱镜分成两束后分别检测。用 Rayleigh 干涉仪还可测量气体或液体折射率 n 的变化，它可感测到 10 量级的折射率变化。

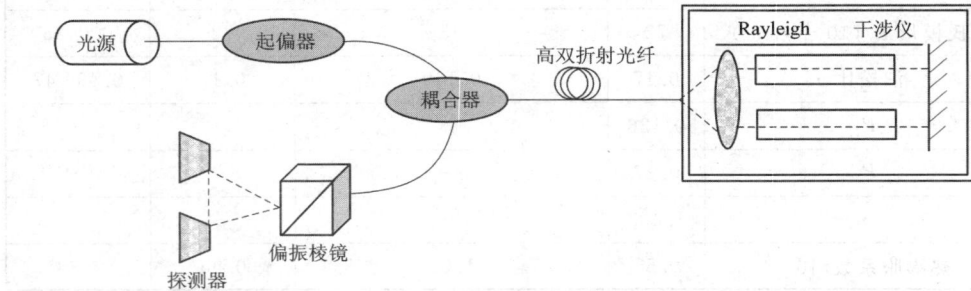

图 4-24 光纤 Rayleigh 干涉式测距仪原理图

4.2.5 干涉式光纤传感器应用实例图

干涉式光纤传感器的应用实例图如图 4-25 所示。

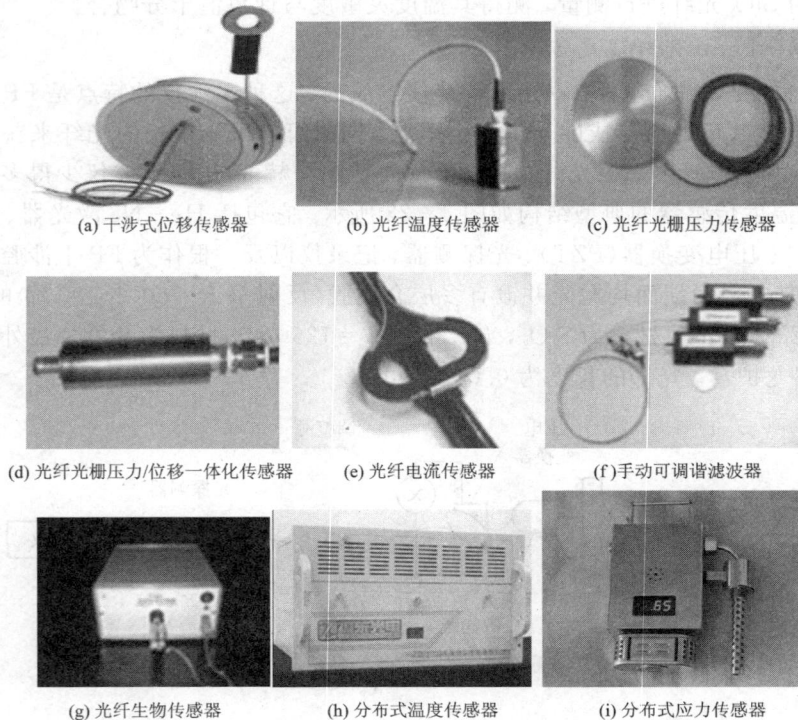

(a) 干涉式位移传感器 (b) 光纤温度传感器 (c) 光纤光栅压力传感器

(d) 光纤光栅压力/位移一体化传感器 (e) 光纤电流传感器 (f) 手动可调谐滤波器

(g) 光纤生物传感器 (h) 分布式温度传感器 (i) 分布式应力传感器

图 4-25 干涉式光纤传感器应用实例图

4.2.6　相位调制型光纤传感器的发展

测量压力和水声时，通常采用反射式或微弯型光强调制光纤传感器进行测量，也可以采用相位调制型光纤传感器和偏振调制型光纤传感器进行测量。目前相位调制型光纤传感器的发展趋势为由几种不同的相位调制型光纤传感器组成的混合式相位调制型光纤传感器，其测量精度更高。另外，相位调制型光纤传感器已大范围应用到军事领域。

习　　题

（1）已知石英光纤纤芯的参数为：$n = 1.456$，$P_{11} = 0.121$，$P_{12} = 0.270$，$E = 7.10 \times 10^{10}$ Pa，泊松系数 $\gamma = 0.15$。试分别计算工作波长为 0.85 μm 和 1.30 μm 时，光纤横向受压的压力灵敏度 $\Delta\varphi/\Delta\delta$ 之值（按简化光纤模型计算）。

（2）当波长为 0.6331 μm、0.851 μm 和 1.30 μm 时，计算光纤横向受压的压力灵敏度 $\Delta\varphi/\Delta\delta$ 之值，分析波长变化对压力灵敏度的影响。

（3）试计算 Sagnac 光纤干涉仪的相对灵敏度 $\Delta\varphi/\varphi$。已知光纤长 500 m，工作波长为 1.30 μm，光纤绕成直径为 10 cm 的光纤圈，欲检测出 100 rad/h 的转速。

（4）试计算地磁场对 Sagnac 光纤干涉仪带来的角度漂移。已知所用高双折射光纤的双折射值 $\Delta\beta = 500$ rad/m，地磁引起的 Faraday 旋光为 0.0001 rad/m，光纤长 500 m，光纤圈直径为 10 cm。

（5）若一单模光纤的固有双折射为 100°/m，现用 10 m 构成一个全光纤传感器的传感头，其检测灵敏度与理想值相比下降了多少？若固有双折射为 2.6°/m，其检测灵敏度之值为多少？

（6）用损耗为 12 dB/km 的超低双折射石英光纤 10 m 构成一个全光纤传感头，若被测电流为 1000 A，按理想情况计算偏振光的转角是多少？若改用磁敏光纤，欲产生同样的转角，需要光纤多长？比较两种情况下的光能损失。如果此光纤电流传感器还需 20 m 的输入输出光纤，则两种情况下光能损失相差多少？

学习情境五

偏振态调制型光纤传感器及其应用

5.1 学习目标

★ 掌握偏振态调制原理；

★ 掌握偏振态调制效应；

★ 了解光纤电流传感器；

★ 了解光纤偏振干涉仪；

★ 了解光纤偏振控制器的应用。

5.2 学习内容

5.2.1 偏振态调制原理

偏振态调制型光纤传感器是具有较高灵敏度的检测装置，它比相位调制光纤传感器的结构简单，且调整方便。

偏振态调制型光纤传感器通常基于电光、磁光和弹光效应，通过敏感外电磁场对光纤中传输的光波的偏振态的调制来检测被测电磁场参量。最为典型的偏振态调制效应有 Pockels 效应、Kerr 效应、Faraday 效应以及弹光效应。

1. Pockels（泡克尔）效应

各向异性晶体中的 Pockels 效应是一种重要的电光效应。当强电场施加于光正在穿行的各向异性晶体时所引起的感生双折射正比于所加电场的一次方，称为线性电光效应，或 Pockels 效应。

Pockels 效应可使晶体的双折射性质发生改变，这种改变理论上可由描述晶体双折射性质的折射率椭球（或光率球体）的变化来表示。以主折射率表示的折射率椭球方程为

$$\frac{x_1^2}{n_1^2} + \frac{x_2^2}{n_2^2} + \frac{x_3^2}{n_3^2} = 1 \tag{5-1}$$

对于双轴晶体，主折射率 $n_1 \neq n_2 \neq n_3$；对于单轴晶体，主折射率 $n_1 = n_2 = n_o$，$n_3 = n_e$。n_o 为寻常光折射率，n_e 为非寻常光折射率。

晶体的两端设有电极，并在两极间加一个电场，外加电场平行于通光方向，这种运用称为纵向运用，或称为纵向调制。对于 KDP 类晶体，晶体折射率的变化 Δn 与电场 E 的关系由下式给定：

$$\Delta n = n_o^3 \gamma_{63} \cdot E \tag{5-2}$$

式中：γ_{63} 是 KDP 晶体的纵向电光系数。

两正交的平面偏振光穿过厚度为 l 的晶体后，光程差为

$$\Delta l = \Delta n \cdot l = n_o^3 \gamma_{63} \cdot E \cdot l = n_o^3 \gamma_{63} \cdot U \tag{5-3}$$

式中：$U = E_l$ 是加在晶体上的纵向电压。

当折射率变化所引起的相位变化为 π 时，称此电压为半波电压 $U_{\lambda/2}$，并有

$$U_{\lambda/2} = \frac{\lambda_0}{2 n_o^3 \gamma_{63}} \tag{5-4}$$

表 5-1 列出了几种晶体的电光系数、寻常光折射率的近似值和半波电压值。

表 5-1　几种晶体的 γ_{63}、n_o、$U_{\lambda/2}$ 数值（室温、$\lambda_0 = 546.1$ nm）

材料	$\gamma_{63}/(10^{-12}\ \text{m} \cdot \text{s}^{-1})$	n_o（近似值）	$U_{\lambda/2}/\text{kV}$
ADP($NH_4 H_2 PO_4$)	8.5	1.52	9.2
KDP($KH_2 PO_4$)	10.6	1.51	7.6
KDA($KH_2 AsO_4$)	13.0	1.57	6.2
KDP($KD_2 PO_4$)	23.3	1.52	3.4

应当注意，不是所有的晶体都具有电光效应。理论证明，只有那些不具备中心对称的晶体才有电光效应。图 5-1 是利用 Pockels 效应设计的光纤电压传感器示意图。

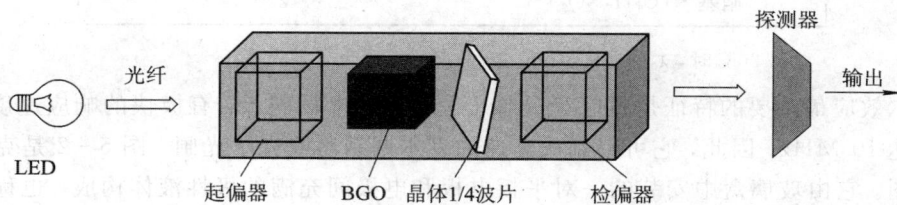

图 5-1　利用 Pockels 效应设计的光纤电压传感器示意图

晶体中两正交的平面偏振光因电光效应产生的相位差为

$$\varphi = \frac{2\pi n_o^3 \gamma_{41} U}{\lambda_0} \tag{5-5}$$

晶体的通光方向垂直于外加电场时产生的电光效应称为横向电光效应。晶体中两正交的平面偏振光因电光效应产生的相位差为

$$\varphi = \frac{2\pi n_o^3 \gamma_c U}{\lambda_0} \cdot \frac{d}{l} \tag{5-6}$$

式中：γ_c 是有效电光系数；l 是光传播方向的晶体长度；d 是电场方向晶体的厚度。

晶体的半波电压 $U_{\lambda/2}$ 为

$$U_{\lambda/2} = \frac{\lambda_0}{2 n_o^3 \gamma_c} \cdot \frac{l}{d} \tag{5-7}$$

晶体的半波电压 $U_{\lambda/2}$ 与晶体的集合尺寸有关，通过适当地调整电光晶体的 d/l 比值（纵横比），可以降低半波电压的数值，这是横向调制的一大优点。同样，也可以利用横向电光效应构成光纤电压传感器。

2. Kerr(克尔)效应

Kerr 效应也称为二次(或平方)电光效应,它发生在一切物质中。当外加电场作用在各向同性的透明物质上时,各向同性物质的光学性质将发生变化,变成具有双折射现象的各向异性,并且与单轴晶体的情况相同。设 n_o、n_e 分别为介质在外加电场下的寻常光折射率和非寻常光折射率,当外加电场方向与光的传播方向垂直时,由感应双折射引起的寻常光折射率和非寻常光折射率与外加电场 E 的关系为

$$n_e - n_o = \lambda_0 k E^2 \tag{5-8}$$

式中:k 是克尔常数。

在大多数情况下,$n_e - n_o > 0$(k 为正值),即介质具有正单轴晶体的性质。表 5-2 列出了一些液体的克尔常数。

表 5-2　一些液体的克尔常数

名　　称	$k/(300 \times 10^{-7} \text{ cm} \cdot \text{V}^{-2})$
苯(C_6H_6)	0.6
二硫化碳(CS_2)	3.2
氯仿($CHCl_3$)	-3.5
水(H_2O)	4.7
硝基甲苯($C_5H_7NO_2$)	123
硝基苯($C_6H_5NO_2$)	220

注:20℃时,$\lambda_0 = 589.3$ nm。

克尔效应最重要的特征是感应双折射几乎与外加电场同步,有极快的响应速度,响应频率可达 10 MHz。因此,它可以制成高速的克尔调制器或克尔光闸。图 5-2 是克尔调制器装置图。它由玻璃盒中安装的一对平板电极和电极间充满的极性液体构成,也称为克尔盒。将调制器放置在正交的偏振镜之间,即让偏振镜的透光轴 N_1、N_2 互相垂直,并且 N_1、N_2 与电场方向分别成 $\pm 45°$,通光方向与电场方向垂直。当电极上不加外电场时,没有光通过检偏镜(器),克尔盒呈关闭状态。当电极上加外加电场时,有光通过检偏镜,克尔盒呈开启状态。若在两极上加电压 U,则由感应双折射引起的两偏振光波的光程差为

$$\Delta = (n_e - n_o)l = k\lambda_0 \cdot l\left(\frac{U}{d}\right)^2 \tag{5-9}$$

图 5-2　克尔盒示意图

两光波间的相位差则为

$$\Delta\varphi = 2\pi kl \left(\frac{U}{d}\right)^2 \tag{5-10}$$

式中：U 是外加电压；l 是光在克尔元件中的光程长度；d 是两极间的距离；k 是克尔常数。

此时，检偏镜的透射光强度 I 与起偏镜的入射光强度 $I_\circ$ 之间的关系可由下式表示：

$$I = I_\circ \sin^2\left[\frac{\pi}{2}\left(\frac{U}{U_{\lambda/2}}\right)^2\right] \tag{5-11}$$

式中：半波电压 $U_{\lambda/2}$ 可表示为

$$U_{\lambda/2} = \frac{d}{\sqrt{2kl}} \tag{5-12}$$

利用克尔效应可以构成电场、电压传感器，其结构类似于图 5-1。

3. Faraday(法拉第)效应

物质在磁场的作用下将使通过的平面偏振光的偏振方向发生旋转，这种现象称为磁致旋光效应或法拉第(Faraday)效应。

法拉第效应的典型装置如图 5-3 所示。当从起偏器出来的平面偏振光沿磁场方向(平行或反平行)通过法拉第装置时，光矢量旋转的角度 φ 由下式确定：

$$\varphi = V\oint_l H\,\mathrm{d}l \tag{5-13}$$

式中：V 是物质的费尔德常数；l 是物质中的光程；H 是磁场强度。

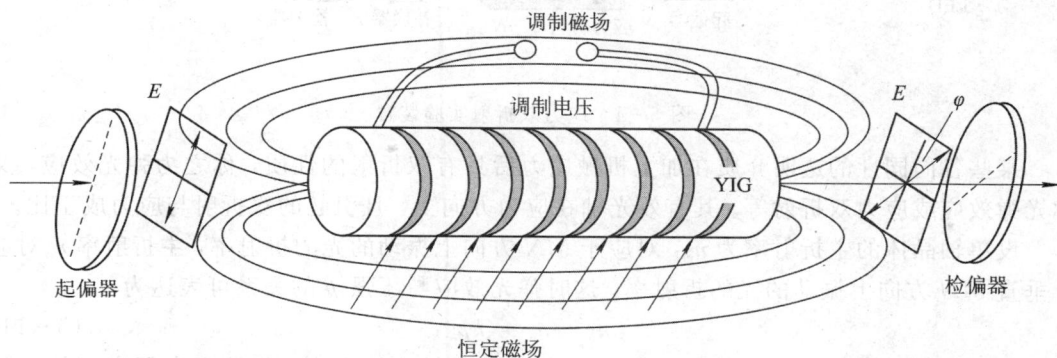

图 5-3　法拉第效应实验装置示意图

在法拉第效应中，偏振面的旋转方向与外加磁场的方向有关。费尔德常数 V 有正负值之分，一般约定，正的费尔德常数系指光的传播方向平行于所加 H 场方向，法拉第效应是左旋的；负的费尔德常数系指光的传播方向平行于 H 场反方向，此时法拉第效应是右旋的。

立方晶体或各向同性材料的法拉第效应可以解释为：由于磁场强度取决于沿磁场方向传播的右旋圆偏振光和左旋圆偏振光的折射率差，因此平面偏振光可以表示成左旋、右旋圆偏振光之和。

法拉第效应可导致平面偏振光的偏振面旋转。这种磁致偏振面的旋转方向仅由外磁场方向决定，而与光线传播方向无关。对于旋光性物质(比如石英)而言，光线正反两次通过旋光性物质后总的旋转角度等于零。因此，旋光性是一种互易的光学过程。而法拉第旋转是非互易的光学过程，即平面偏振光第一次通过法拉第材料旋转 θ 角度，而沿相反方向返回时将再次旋转相同的角度 θ，使总的旋转量为 2θ。这样，为了获得大的法拉第效应，可以将放在磁场中的法拉第材料做成平行六面体，使通光面对光线方向稍偏离垂直位置，并将两面镀高反射膜，只留入射和出射窗口。

光纤电流传感器是以法拉第磁光效应为基础，以光纤为介质的新兴电力计量装置。它通过测量光波在通过各向同性材料时其偏振面由于电流产生的磁场作用而发生旋转的角度来确定被测电流的大小。

4. 弹光效应（或光弹效应）

材料的应力双折射现象是由 Seebeck 和 Brewster 发现的。图 5-4 为双折射实验装置，若沿 MN 方向有压力或张力，则沿 MN 方向和其他方向的折射率不同。就是说，在力学形变时材料会变成各向异性，压缩时材料具有负单轴晶体的性质，伸长时材料具有正单轴晶体的性质。

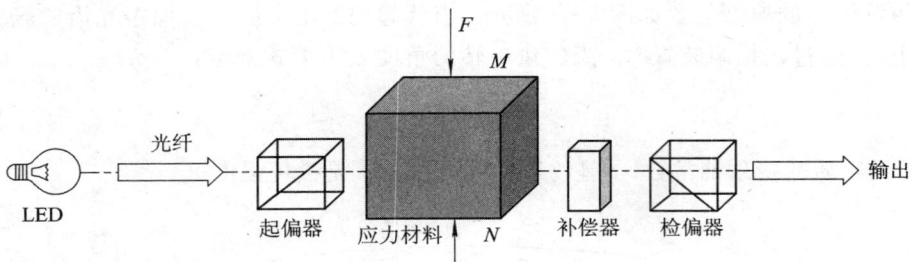

图 5-4 应力双折射实验装置

某些各向同性的透明介质在加上机械应力后具有双折射的性质，称之为弹光效应，又称光弹效应或应力双折射等。其有效光轴在应力方向上，且引起的双折射与应力成正比。

设单轴晶体的主折射率为 n_e，对应于 MN 方向上振动的光的折射率，主折射率 n_o 对应于垂直 MN 方向上振动的光的折射率，这时弹光效应与压强 p 的关系可表达为

$$n_o - n_e = kp \tag{5-14}$$

式中：k 是物质常数；$n_o - n_e$ 是双折射率，表征双折射性的大小，此处也表征弹光效应的强弱。

若光波通过的材料厚度为 l，则获得的光程差为

$$\Delta = (n_o - n_e)l = kpl \tag{5-15}$$

相应引起的相位差为

$$\Delta\varphi = \frac{2\pi}{\lambda_0}(n_o - n_e)l = \frac{2\pi kpl}{\lambda_0} \tag{5-16}$$

理论上弹光效应可用折射率椭球参量的变化与应力 σ_j 或应变 ε_j 的关系（弹光效应方程）来描述，即

$$\Delta b_i = \pi_{ij}\sigma_j \quad 或 \quad \Delta b_i = p_{ij}\varepsilon_j \tag{5-17}$$

式中：π_{ij} 是压光系数（或压光应力系数）；p_{ij} 是 Pockels 系数（或压光应变系数）。

　　材料的弹光效应是应力或应变与折射率之间的耦合效应。虽然弹光效应可以在一切透明介质中产生，但实际上它最适于在弹光效应强的介质中产生。电致伸缩系数较大的透明介质具有较大的弹光效应。

　　利用物质的弹光效应可以构成压力、声、振动、位移等光纤传感器。例如，利用均匀压力场引起的纯相位变化进行调制，就构成干涉型光纤压力、位移等传感器；也可用各向异性压力场引起的感应线性双折射进行调制，这就构成了非干涉型光纤压力、应变传感器。应用弹光效应的光纤压力传感器的输出光强 I 为

$$I = I_0 \left(1 + \sin\pi \frac{\sigma}{\sigma_\pi} \right) \tag{5-18}$$

式中：I_0 是光源注入到光纤中的光强；σ 是应力；σ_π 是半波应力。对于非晶体材料，有

$$\sigma_\pi = \frac{\lambda_0}{pl} \tag{5-19}$$

其中：p 是有效弹光常数；l 是弹光材料的光路长度。

　　据报道，用光路长度 $l = 0.6$ cm 的硼硅酸玻璃作弹光材料，用波长 $\lambda_0 = 820$ nm 的 LED 作光源时，σ_π 和最小可检测压力的理论值分别为 2.1×10^7 Pa 和 94.1 Pa（$I = 380 \times 10^{-7}$ W）。

5.2.2　偏振态调制型光纤传感器的应用

1. 光纤电流传感器

　　外界因素将使光纤中光波模式的偏振态发生变化，对其进行检测的光纤传感器属于偏振态调制型，最典型的例子就是高压传输线用的光纤电流传感器。光纤电流传感器的基本原理是利用光纤材料的 Faraday 效应（熔石英的磁光效应），即处于磁场中的光纤会使在光纤中传播的偏振光发生偏振面的旋转，其旋转角度 Ω 与磁场强度 H、磁场中光纤的长度 L 成正比，即

$$\Omega = VHL \tag{5-20}$$

式中 V 是菲尔德（Verket）常数，是光纤的材料常数。由于载流导线在周围空间产生的磁场满足安培环路定律，对于长直导线有 $H = I/(2\pi R)$，因此只要测量 Ω、L、R 的值，就可以由

$$\Omega = \frac{VLI}{2\pi R} = VNI \tag{5-21}$$

求出长直导线中的电流 I。式中 N 是绕在导线上的光纤总圈数。

　　光纤电流传感器具体的原理实验装置如图 5-5 所示。从激光器中发出的激光束经起偏器、物镜后耦合进入单模光纤。光纤绕在高压载流导线上，通过高压载流导线的电流为 I。在这一段光纤上将产生磁光效应，使通过光纤的偏振光产生一角度为 Ω 的偏振面的旋转。出射光经偏振棱镜把光束分成振动方向垂直的两束偏振光，再通过光电探测器变为电信号，分别送进信号处理单元进行运算。最后得到输出光的偏振度为

$$P = \frac{J_1 - J_2}{J_1 + J_2} \tag{5-22}$$

式中：J_1、J_2 分别为两偏振光的强度。再通过一定的计算，即可得出被测电流 I 的值。

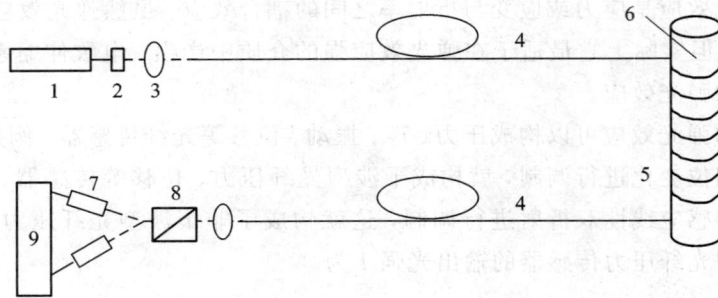

1—激光器；2—起偏器；3—物镜；4—传输光纤；5—传感光纤；
6—电流导线；7—光探测器；8—偏振棱镜；9—信号处理单元

图 5 - 5　光纤电流传感器原理图

2. 光纤偏振干涉仪

Mach - Zehnder 光纤干涉仪有一个重要缺点，由于利用双臂干涉，因此外界因素对参考臂的扰动常常会引起很大的干扰，甚至破坏信号臂（传感臂）的正常工作。为克服这一缺点，可利用单根高双折射单模光纤中的两正交偏振模在外界因素影响下相位的不同进行传感。图 5 - 6 是利用这种办法构成的光纤温度传感器的原理图，这是一种光纤偏振干涉仪。

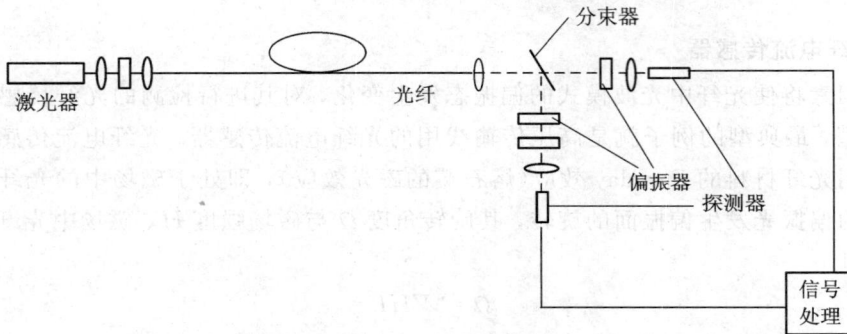

图 5 - 6　单光纤偏振干涉仪

激光束经起偏器和 $\lambda/4$ 波片后变为圆偏振光，对传感用高折射单模光纤的两个正交偏振态均匀激励，由于其相移不同，输出光的合成偏振态可在左旋、45°线偏振光、右旋偏振光、135°线偏振光之间变化。若输出端只检测 45°线偏振分量，则输出光强为

$$I = \frac{1}{2} I_0 (1 + \cos\varphi) \qquad (5 - 23)$$

式中 φ 是受外界因素影响而发生的相位变化。为了减小光源本身的不稳定性，可用 Wollaston（渥拉斯顿）棱镜同时检测两正交分量的输出 I_1 和 I_2，经数据处理可得

$$P = \frac{I_1 - I_2}{I_1 + I_2} \cos\varphi \qquad (5 - 24)$$

实验表明，应用高双折射光纤（拍长 $L = 3.2$ mm，光纤中传输光的基模从线性偏振光到椭圆偏振光，再到圆偏振光，最后回到线性偏振光这样一个周期性变化，传输中经过的光纤长度称之为拍长）作温度传感时，其灵敏度约为 2.5 rad/(℃・m)。它虽然比 M - Z 双臂干涉仪的灵敏度（约 100 rad/℃・m）低很多，约为 1/50，但其装置要简单得多，对压力

的反应比较灵敏。

5.2.3　实验实训

本小节以武汉发博科技有限公司生产的偏振光学综合实验仪(FBKJ - CG - PZ)为例，如图5-7所示，进行以下实验实训。

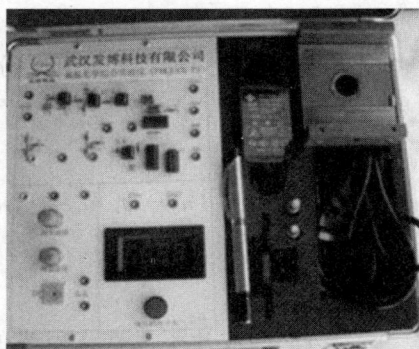

图5-7　偏振光学综合实验仪

1. 实验实训原理

1) 四分之一波片原理

一束光在双折射晶体内传输时，会产生双折射现象及在晶体内分成两束光。其中一束光满足普通的折射定律沿直线传播，称之为寻常光(简称o光)；另一束光不满足普通的折射定律偏离了直线传播，称之为非寻常光(简称e光)。所谓的o光和e光，只在双折射晶体内部才有意义，射出晶体就无所谓o光和e光了。

当线性偏振光垂直入射到四分之一波片上时，射出光中的o光和e光之间将产生相位差$\Delta\varphi$，且有

$$\Delta\varphi = \frac{2\pi}{\lambda}(n_o - n_e)d = (2m+1)\frac{\pi}{2} \qquad (5-25)$$

一般取$\Delta\varphi = \frac{\pi}{2}$。

另外，o光和e光的振动方向关系如图5-8所示，图中$A_o(A_e)$分别表示o(e)光的振幅。

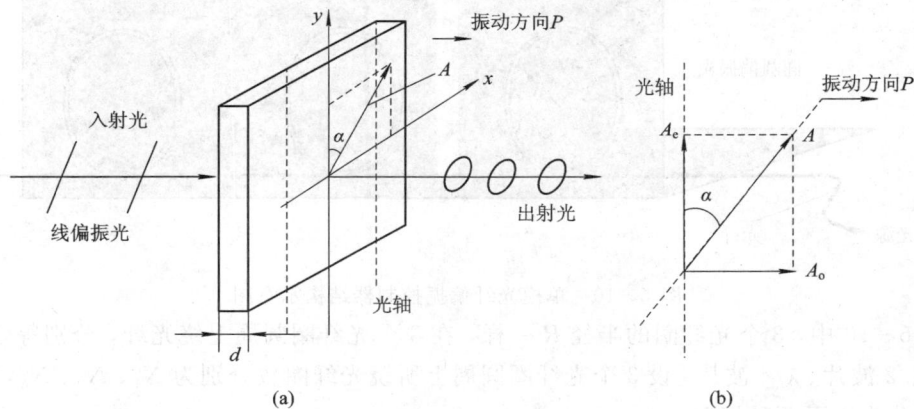

图5-8　$\lambda/4$波片入、出射光中o光和e光振动示意图

在图5-8中，入射光偏振态不同及偏转角α不同时，出射光的偏振态也不同，具体如下：

(1) 入射光为线偏振光，当$\alpha = \pi/4$时，出射光为圆偏振光；

(2) 入射光为线偏振光，当$\alpha = 0$或者$\pi/2$时，出射光为线偏振光；

(3) 入射光为线偏振光，当$\alpha = $其他角度时，出射光为椭圆偏振光；

(4) 入射光为椭圆偏振光，当$\alpha = $其他角度时，出射光可以为椭圆偏振光、圆偏振光或线偏振光。

2）二分之一波片原理

当线性偏振光垂直入射到二分之一波片上时，射出光中的 o 光和 e 光之间将产生相位差 $\Delta\varphi$，且有

$$\Delta\varphi = \frac{2\pi}{\lambda}(n_o - n_e)d = (2m+1)\pi$$

$$(5-26)$$

一般取 $\Delta\varphi = \pi$。

二分之一波片不改变入射光的偏振态，但是产生相位延迟，出射光相对于入射光而言，振动方向变化了 2α，如图 5-9 所示。

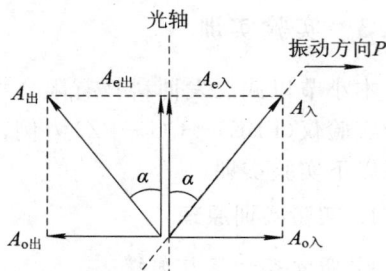

图 5-9　$\lambda/2$ 波片入、出射光中 o 光和 e 光振动示意图

3）单模光纤偏振控制器原理

当线性偏振光或者部分偏振光（如椭圆偏振光）进入光纤时，由于光纤被挤压等原因，使得进入到光纤后传输光的偏振态变成了椭圆偏振光（即非线性偏振光）。相干通信、相位型光纤传感器、光纤陀螺等要求单模光纤中传输光的偏振态必须是线性偏振态。但是，因为光纤的挤压、弯曲、扭曲、外界的扰动等原因，使传输光的偏振态发生变化，即成为非线性偏振光，进而导致光强、光稳定性发生变化，其结果是使通信系统发生紊乱或者使光纤传感系统的输出信号很不稳定。单模光纤偏振控制器能较好地解决单模光纤中光的偏振态问题，其结构如图 5-10 所示。

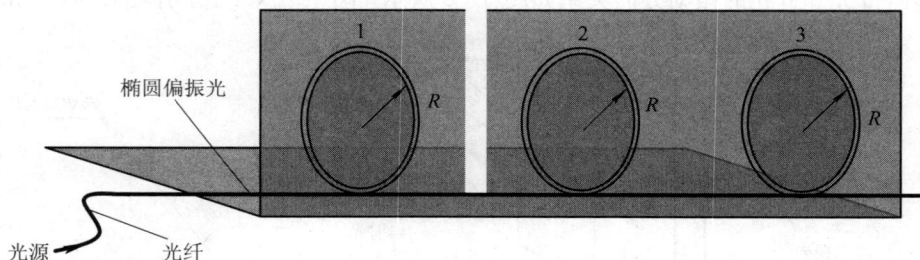

图 5-10　单模光纤偏振控制器结构示意图

图 5-10 中，3 个光纤圈的半径 R 一样，在 3 个光纤圈圆周上绕光纤，分别等效为 $\lambda/4$ 波片、$\lambda/2$ 波片、$\lambda/4$ 波片。设 3 个光纤圈圆周上所绕光纤圈数分别为 N_1、N_2、N_3，则线圈半径 R 分为以下两种情况：

① 当 $N_1=2$，$N_2=4$，$N_3=2$ 时，

$$R = 0.133\frac{16\pi}{\lambda}b^2 \qquad (5-27)$$

其中，b 为光纤包层半径；λ 为光源真空中的波长。

② 当 $N_1=1$，$N_2=2$，$N_3=1$ 时，

$$R = 0.133\frac{8\pi}{\lambda}b^2 \qquad (5-28)$$

光纤偏振控制器中每个光纤圈能独立围绕图 5-10 中光纤所在水平位置为轴旋转，1 光纤圈和 3 光纤圈控制出射光的偏振态及偏振度大小，2 光纤圈控制出射光的偏振取向。

线圈平面绕光纤轴旋转±90°，可使线偏振在±90°间得到调整。光源发出的光经 1 光纤圈旋转后进入 2 光纤圈时有较好的偏振度，再经 3 线圈输出后到达检偏器的光为线偏振光，旋转 3 光纤圈将改变出射光偏振度的大小。

4）出射光偏振度 P

从光纤圈 3 出来的光可能是圆偏振光、椭圆偏振光或线偏振光，通过检测出射光光强大小，可以得到出射光偏振度 P 的大小，即

$$P = \frac{I_{max} - I_{min}}{I_{max} + I_{min}} \tag{5-29}$$

2. 实验操作

1）光源输出光特性实验

（1）按照图 5-11 安装光源和光路。

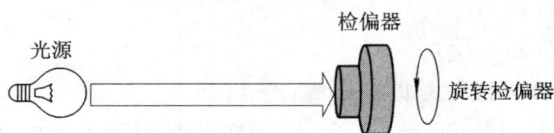

图 5-11　光源调制示意图

（2）光源发出的光入射到检偏器，同时旋转检偏器，眼睛观察检偏器透射光光强的变化，进而判断光源的偏振态等特性。

（3）关闭电源。

2）光路与机械系统组装调试实验

（1）取约 2 m 的特种光纤一根。

（2）在图 5-10 中的三个光纤圈上分别绕光纤圈数为 1 圈、2 圈、1 圈，注意在 2 光纤圈上绕光纤时，光纤不要重叠、不要交叉、不要扭曲，绕光纤时稍紧就行。

（3）图 5-10 中，在光纤圈 1 左侧把光纤用 AB 胶或者环氧胶粘紧，在光纤圈 3 右侧把光纤用 AB 胶或者环氧胶粘紧。

3）PD 接收、偏压调零实验

（1）将接收部分接入电路。

（2）把探测器输出信号处理电路接入调零电路，输出端 U_o 接电压表。

（3）打开电源开关，用手挡住 PD 入口，调节调零旋钮，使得电压表读数为零。

（4）关闭电源。

4）光纤涂覆层去除实验

（1）取一段约 20 cm 的普通光纤，放在左手(右手)中指上。

（2）另外一只手拿刀片，且刀片与光纤大约呈 45°夹角。

（3）保持光纤不动，在距离光纤端面 2 cm 处推动刀片刮掉光纤涂覆层，注意不要伤手。

（4）转动光纤，重复步骤(3)，直至光纤四周涂覆层被刮干净。

（5）用酒精把裸纤清洗干净。

（6）重复(1)~(5)步骤，多次练习，直至熟练。

5）光纤端面处理实验

（1）重复 4）中步骤（1）～（5）。

（2）用毛刷把台式光纤切割刀（如图 5 - 12 所示）的 V 型槽内以及切割器刀片清理干净。

（3）把普通裸纤置于光纤切割器的 V 型槽内。

（4）把切割器刀片推到另外一侧，按下切割器上方的按钮。

（5）光纤端面处理完毕。

6）单模光纤与裸纤适配器（如图 5 - 13 所示）耦合实验

图 5 - 12　台式光纤切割刀

（1）取一段大约 2 m 的普通单模石英光纤。

（2）重复 4）中步骤（1）～（5）。

（3）重复 5）中步骤（2）～（4）。

（4）对特种光纤另外一段重复以上步骤（2）、（3）。

（5）取下处理过的普通单模石英光纤，按下裸纤适配器 1 上的圆形按钮，把光纤从裸纤适配器尾部穿入至陶瓷芯端面穿出；穿光纤的过程中如遇到阻力，可退出光纤再穿，切忌使用蛮力，直至穿过；陶瓷芯端面露出的光纤长度不超过 1 mm。

（6）另取一个裸纤适配器 2，重复步骤（5）。

图 5 - 13　裸纤适配器

7）光源光纤耦合实验

（1）把 6）中裸纤适配器 1 拧在实验仪光源的法兰盘上，切忌手压光纤，同时用笔式光纤切割刀（如图 5 - 14 所示）对裸纤适配器陶瓷芯露出的光纤进行切割处理。

（2）用笔式光纤切割刀对裸纤适配器 2 陶瓷芯露出的光纤进行切割处理，然后将裸纤适配器 2 插入实验仪 PD 座孔，打开电源，观察电压表读数。

（3）如果电压表读数太小，则首先检查光纤是否断在裸纤适配器陶瓷芯中，然后重切光纤，即重复 6）中步骤；或在光源与光纤之间加一个汇聚透镜，把光源的光聚焦后进入光纤，观察电压表读数大小。

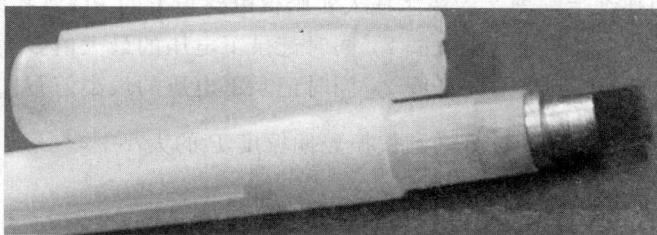

图 5-14　笔式光纤切割刀

8）单模光纤传输特性实验

（1）重复 7）中步骤（1）、（2）。

（2）取大约 2 m 的特种石英光纤（截止波长为 633 nm 的单模石英光纤），重复 7）中步骤（1）、（2）。

（3）比较 7）、8）中电压表读数大小，根据电压大小即光强大小分析单模光纤传输特性（截止波长）的意义。

9）单模光纤中获得线性偏振光的实验

（1）取一段大约 2 m 的特种石英光纤（截止波长为 633 nm），按照图 5-10 绕在光纤偏振控制器的 3 个光纤圈上，分别绕 1、2、1 圈，保持光纤圈 1、3 两侧尾纤长度大致相等。

（2）重复 6）中步骤（2）～（6）。

（3）重复 7）中步骤（1）、（2）。

（4）调节光纤圈 1、2、3，用检偏器观察裸纤适配器 2 出光光强的变化，直至消光，则认为光纤出射光为线偏振光，记录此时三个光纤圈的位置与角度。

10）单模光纤中获得线性偏振光偏振度大小的实验

（1）重复 9）中步骤得到线偏振光。

（2）把 9）中的裸纤适配器 2 陶瓷芯插入实验仪电路板上的 PD 座孔内。

（3）转动光纤偏振控制器的光纤圈 2，同时记录下电压的最大值 U_{max}（即 I_{max}）。

（4）转动光纤偏振控制器的光纤圈 2，同时记录下电压的最小值 U_{min}（即 I_{min}）。

（5）根据 $P = \dfrac{I_{max} - I_{min}}{I_{max} + I_{min}}$ 计算线偏振光偏振度 P 的大小。

11）单模光纤中获得椭圆偏振光的实验

（1）取一段大约 2 m 的光纤，按照图 5-10 绕在光纤偏振控制器上，分别绕 1、2、1 圈，保持光纤圈 1、3 两侧尾纤长度大致相等。

（2）重复 6）中步骤（2）～（6）。

（3）重复 7）中步骤（1）、（2）。

（4）调节光纤圈 1、2、3，转动检偏器观察裸纤适配器 2 出光光强的变化，出现光强变化但不消光，认为光纤出射光为椭圆偏振光，记录此时三个光纤圈的位置与角度。

（5）关闭电源。

12）单模光纤中获得椭圆偏振光偏振度大小的实验

（1）从单模光纤中得到椭圆偏振光。

(2) 把9)中的裸纤适配器2陶瓷芯插入实验仪电路板上的 PD 座孔内。

(3) 转动光纤偏振控制器的光纤圈2,同时记录下电压的最大值 U_{max}(即 I_{max})。

(4) 转动光纤偏振控制器的光纤圈2,同时记录下电压的最小值 U_{min}(即 I_{min})。

(5) 根据 $P = \dfrac{I_{max} - I_{min}}{I_{max} + I_{min}}$ 计算椭圆偏振光偏振度 P 的大小。

13) 单模光纤中获得圆偏振光的实验

(1) 取一段大约 2 m 的光纤,按照图 5-10 绕在光纤偏振控制器上,分别绕1、2、1圈,保持光纤圈1、3两侧尾纤长度大致相等。

(2) 重复6)中步骤(2)~(6)。

(3) 重复7)中步骤(1)、(2)。

(4) 调节光纤圈1、2、3,转动检偏器观察裸纤适配器2出光光强的变化,出现光强不变时,认为光纤出射光为圆偏振光,记录此时三个光纤圈的位置与角度。

14) 单模光纤中获得圆偏振光偏振度大小的实验

(1) 从单模光纤中得到圆偏振光。

(2) 把9)中的裸纤适配器2陶瓷芯插入实验仪电路板上的 PD 座孔内。

(3) 转动光纤偏振控制器的光纤圈2,同时记录下电压的最大值 U_{max}(即 I_{max})。

(4) 转动光纤偏振控制器的光纤圈2,同时记录下电压的最小值 U_{min}(即 I_{min})。

(5) 根据 $P = \dfrac{I_{max} - I_{min}}{I_{max} + I_{min}}$ 计算圆偏振光偏振度 P 的大小。

(6) 关闭电源。

15) 光纤偏振控制器的制作实验

(1) 准备一块长约 30 cm、宽约 20 cm 的薄铝板或者硬纸板。

(2) 沿着薄铝板或者硬纸板长度方向把其对折。

(3) 把对折后的薄铝板或者硬纸板的一半裁剪成 3 个缝宽相等(缝宽约 10 mm)、等大小的矩形,缝距离对折轴线 1 cm。

(4) 用泡沫或者其他硬纸板等裁剪 3 个直径为 40.16 mm($N_1 : N_2 : N_3 = 1 : 2 : 1$)或者 80.32 mm($N_1 : N_2 : N_3 = 2 : 4 : 2$)的圆形物(即光纤圈)。

(5) 把 3 个圆形光纤圈用强力胶依次粘贴在 3 个矩形表面。

(6) 把单模光纤依次按照 2:4:2 圈数缠绕在三个圆形光纤圈上,且固定。

习　题

(1) 简述光弹效应的原理及应用。

(2) 偏振态调制型光纤传感器有哪些应用?

(3) 简述光纤偏振控制器的原理及应用。

(4) 用笔式光纤切割刀切割光纤端面时的注意事项是什么?

(5) 光纤偏振控制器能否采用多模光纤?为什么?

学习情境六

波长调制型光纤传感器及其应用

6.1 学习目标

★ 掌握波长调制传感原理；
★ 掌握光纤光栅的分类；
★ 掌握光纤布拉格光栅传感原理；
★ 了解光纤布拉格光栅在光纤传感器领域中的典型应用；
★ 了解长周期光纤光栅在传感器领域中的应用；
★ 掌握光纤光栅折射率传感技术；
★ 掌握传光型波长调制光纤传感器的原理；
★ 掌握光纤光栅在智能材料中的应用。

6.2 学习内容

6.2.1 波长调制传感原理

被测量与敏感元件相互作用，可引起光纤中传输的光波长（频率）发生改变，通过测量光波长的变化量来确定被测参量的传感器称为波长调制型传感器。

光纤光栅传感器是一种典型的波长调制型光纤传感器。基于光纤光栅传感器的传感过程是通过外界参量对布拉格中心波长 λ_B 的调制来获取传感信息的，其数学表达式为

$$\lambda_B = 2n_{\text{eff}}\Lambda \qquad\qquad (6-1)$$

式中：n_{eff} 为纤芯的有效折射率；Λ 是光栅周期。

光纤光栅传感器具有以下优点：

（1）抗干扰能力强。一方面是因为普通的传输光纤不会影响传输光波的频率特性（忽略光纤中的非线性效应）；另一方面光纤光栅传感系统从本质上排除了各种光强起伏引起的干扰。例如：光源强度的起伏、光纤微弯效应引起的随机起伏和耦合损耗等都不可能影响传感信号的波长特性。因而，基于光纤光栅的传感系统具有很高的可靠性和稳定性。

（2）传感探头结构简单，尺寸小（其外径和光纤本身等同），适于许多应用场合，尤其是智能材料和结构。

（3）测量结果具有良好的重复性。

（4）便于构成多种形式的光纤传感网络。

（5）可用于外界参量的绝对测量（在光纤光栅进行定标后）。

（6）光栅的写入工艺已较成熟，便于形成规模生产。

光纤光栅传感器由于具有上述诸多优点，因而得到广泛的应用。

它也存在一些不足之处。例如，对波长漂移的检测需要用较复杂的技术和较昂贵的仪器或光纤器件，需大功率的宽带光源或可调谐光源，其检测的分辨率和功态范围也受到一定限制等。

6.2.2　光纤光栅的分类

在光纤光栅出现至今短短的二十多年里，由于研究的深入和应用的需要，各种用途的光纤光栅层出不穷，种类繁多，特性各异，因此也出现了多种分类方法，归结起来主要是从光纤光栅的周期、相位和写入方法等对光纤光栅进行分类。

一般实际应用中，均按光纤光栅周期的长短将光纤光栅分为短周期光纤光栅和长周期光纤光栅两大类。周期小于 $1~\mu m$ 的光纤光栅称为短周期光纤光栅，又称为光纤布拉格光栅或反射光栅（Fiber Bragg Grating，FBG）；而把周期为几十至几百微米的光纤光栅称为长周期光纤光栅（Long-Period Grating，LPG），又称为透射光栅。短周期光纤光栅的特点是传输方向相反的两个芯模之间发生耦合，属于反射型带通滤波器，如图 6-1 所示，其反射谱如图 6-3(a)所示。长周期光纤光栅的特点是同向传输的纤芯基模和包层模之间发生耦合，无后向反射，属于透射型带阻滤波器，如图 6-2 所示，其透射谱如图 6-3(b)所示。

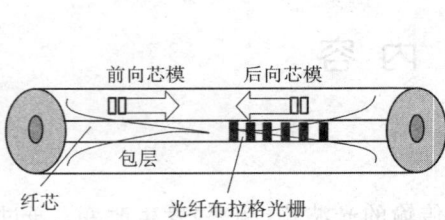

图 6-1　FBG 的模式耦合示意图　　图 6-2　LPG 的模式耦合示意图

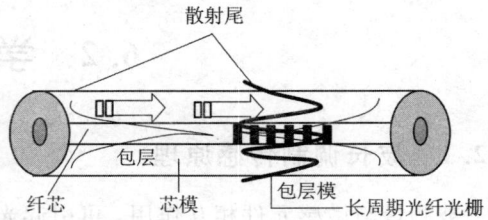

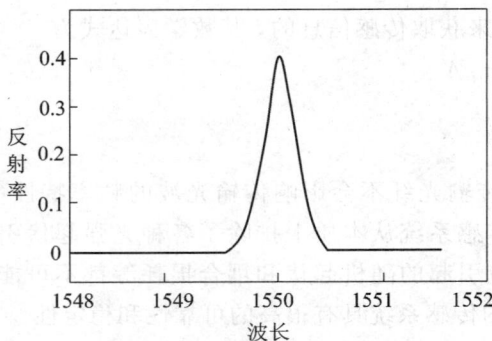

(a) FBG的反射谱　　　　(b) LPG的透射谱

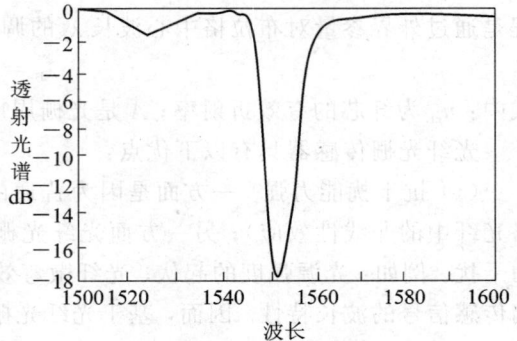

图 6-3　光纤光栅的光谱

6.2.3　光纤布拉格光栅

1. 传感原理

由光纤光栅的布拉格方程可知，光纤光栅的布拉格波长取决于光栅周期 Λ 和反向耦合模的有效折射率 n_{eff}，任何使这两个参量发生变化的物理过程都将引起光栅布拉格波长的漂移。正是基于这一点，一种新型、基于波长漂移检测的光纤传感机理被提出并得到了广泛应用。在所有引起光栅布拉格波长漂移的外界因素中，最直接的为应力、应变和温度等参量。因为无论是对光栅进行拉伸还是挤压，都势必导致光栅周期 Λ 的变化，并且光纤本身所具有的弹光效应使得有效折射率 n_{eff} 也会随外界应力状态的变化而变化。同理，环境温度的变化也会引起光纤类似的变化。因此，利用光纤布拉格光栅制成的光纤应力应变传感器以及光纤温度传感器就成了光纤光栅在光纤传感器领域中最直接的应用。

应力引起光栅布拉格波长的漂移可由下式进行描述：

$$\Delta\lambda_B = 2n_{\text{eff}}\Delta\Lambda + 2\Delta n_{\text{eff}}\Lambda \tag{6-2}$$

式中：$\Delta\Lambda$ 表示光纤本身在应力作用下的弹性变形；Δn_{eff} 表示光纤的弹光效应。外界不同的应力状态将导致 $\Delta\Lambda$ 和 Δn_{eff} 的不同变化。一般情况下，由于光纤光栅属于各向同性柱体结构，所以施加于其上的应力可在柱坐标系下分解为 σ_r、σ_θ 和 σ_z 三个方向的应力。只有 σ_z 作用的情况称为轴向应力作用，σ_r 和 σ_θ 称为横向应力作用，三者同时存在为体应力作用。与此类似，环境温度的变化也会引起光栅布拉格波长的漂移，由此可测量出环境温度的变化。

2. 光纤布拉格光栅的典型应用

1）在测量方面的应用

（1）单参数测量。

光纤光栅的单参数测量主要是指对温度、应变、折射率、磁场、电场、电流、电压、速度、加速度等单个参量分别进行测量。图 6-4 表示采用光纤光栅测量压力及应变的典型传感器结构。图中采用宽带发光二极管作为系统光源，利用光谱分析仪进行波长漂移检测，这是光纤光栅作为传感器应用的典型结构。

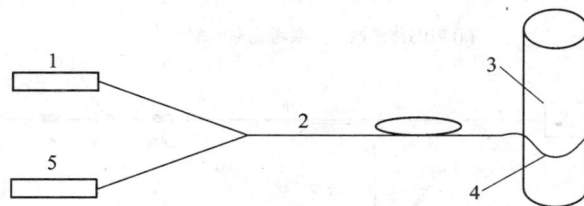

1—光源；2—光纤；3—被测物；4—FBG；5—光探测器

图 6-4　FBG压力/应变传感器结构简图

Rao 等人于 1995 年用谐振波长为 1550 nm 的石英光纤布拉格光栅实现了应变的传感器实验，波长的应变灵敏度为 1.15 pm·$\mu\varepsilon^{-1}$；同时还用谐振波长分别为 800 nm 和 1550 nm 的光纤布拉格光栅进行温度传感实验，其波长的灵敏度分别为 6.8 pm·℃$^{-1}$ 和 13 pm·℃$^{-1}$。Zhang 等人于 2001 年用聚合物涂封的光纤布拉格光栅实现了灵敏度为 -3.4×10^{-3}nm· MPA 的压力传感器。Kersey 等人于 1997 年利用法拉第效应导致的光纤布拉格光栅左右旋偏振光折射的差异来测量磁场。Mora 等人利用光纤布拉格光栅制成了电流传感器，其灵敏度为 2.3×10^{-10} nm·A^2·m^{-2}。Gander 等人于 2000 年用多芯光纤布拉格光栅实现了弯曲量的测量。Wang 等人于 2000 年用光纤布拉格光栅制成了扭曲传感器，其灵敏度为 86.7 pm·deg^{-1}。R. B. Wagreicch 等人于 1996 年用低双折射光纤上写入的光线布拉格光栅进行横向负载实验，其负载灵敏度为 3.27 pm·N^{-1}，当负载大于 40 N 时，单峰因双折射而分裂为双峰。

(2) 双参数测量。

光纤布拉格光栅除对应力、应变敏感以外，对温度变化也相当敏感，这意味着在使用中不可避免地会遇到双参数的干扰。为了解决这一问题，人们提出了许多采用多波长光纤光栅进行温度、应变双参数同时检测的实验方案。在工程结构中，由于各种因素相互影响、交叉敏感，因此这种多参数测量技术尤其重要。目前的多参数传感技术中，研究最多的是温度-应变的同时测量技术，也有人进行了温度-弯曲、温度-折射率、温度-位移等双参数测量以及温度-应变-振动、温度-应变-振动-负载的多参数测量。

(3) 分布式多点测量。

光纤布拉格光栅用于光纤传感的另一优点是便于构成准分布式传感网格，可以在大范围内对多点同时进行测量。图 6-5 示出了两个典型的基于光纤光栅的准分布传感网格，可以看出，其重点在于实现多光栅反射信号的检测。图 6-5(a)中采用了参考光栅匹配方法，

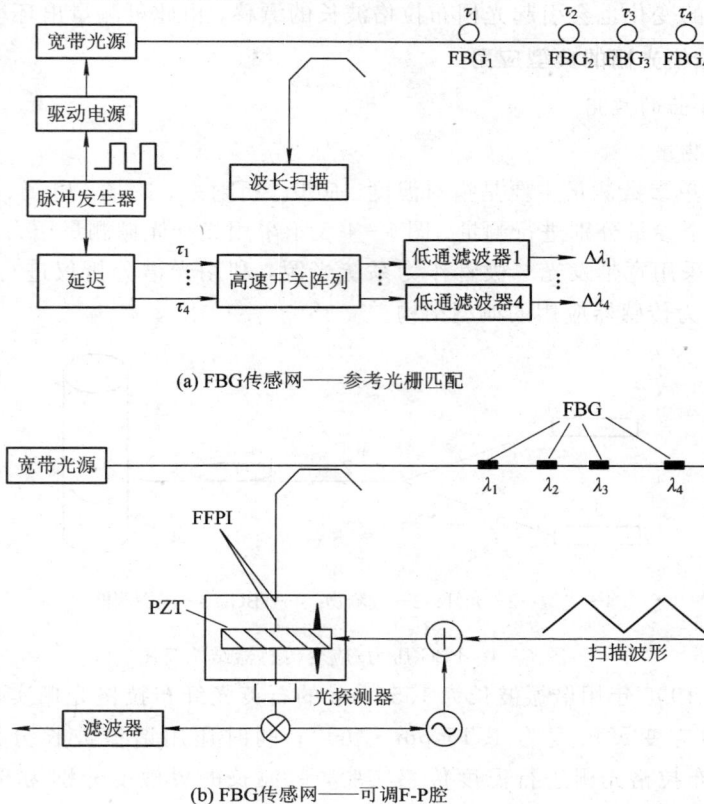

(a) FBG传感网——参考光栅匹配

(b) FBG传感网——可调F-P腔

图 6-5 分布式多点测量实例

图 6 - 5(b)中采用了可调 F - P 腔，虽然方法各异，但均解决了分布测量的核心问题，为实用化研究奠定了基础。目前，光纤光栅分布式传感主要集中在应变传感。

2）FBG 在土木工程中的应用

土木工程中的结构健康检测是光纤光栅传感器应用中最活跃的领域。对于桥梁、隧道、矿井、大坝、建筑物等来说，通过测量上述结构的应变分布，可以预知结构内的局部载荷状态，方便进行维护和状况监测。光纤光栅传感器既可贴在现存结构的表面，也可在浇筑时埋入结构中对结构进行分布式检测，传感信号可以传输很长距离而送到中心监测室进行遥测。

3）FBG 在航空航天及船舶中的应用

增强碳纤维复合材料的抗疲劳、抗腐蚀性能较好，质量轻，可以减轻船体或航天器的重量，已经越来越多地用于航空、航海工具。在复合材料结构的制造构成中埋放光纤光栅传感器，可实现飞行器或船舰运行过程中机载传感系统的健康检测和损伤探测。

一架飞行器为了监测压力、温度、振动、起落驾驶状态、超声波场和加速度情况，所需要的传感器超过 100 个。美国国家航空和宇宙航行局对光纤光栅传感器非常重视，它们在航天飞机 X - 33 上安装了测量应变和温度的光纤光栅传感网络，对航天飞机进行实时健康监测。

为了全面衡量船体的状况，需要了解其不同部位的变形力矩、剪切压力、甲板所受的冲击力，普通船体大约需要 100 个以上的传感器，因此采用 FBG 传感器很适合于船体检测。

4）在石油化工中的应用

石油化工工业属于易燃易爆的领域，电类传感器用于诸如油气灌、油气井、油气管等领域的测量会存在不安全因素。基于光纤传感器的特点，FGB 传感器非常适合应用在石油化工领域。美国 CiDRA 公司发展了基于光纤光栅的监测温度、压力和流量等热工参量的传感技术，并将其应用于石油和天然气工业的钻井监测，以及海洋石油平台的结构监测。

光纤光栅周围化学物质浓度的变化通过渐逝场影响光栅的共振波长。利用该原理可通过 FBG 或 LPG 制成各种化学物质的光纤光栅传感器。光纤光栅传感器可直接测量许多化学成分的浓度，包括蔗糖、乙醇、十六烷、$CaCl_2$、$NaCl$ 等。另外，可利用特定的聚合物封装光纤光栅，当聚合物遇到碳氢化合物时膨胀而使光纤产生应变，通过监视光栅共振波长的漂移就可以知道光纤光栅处的石油泄漏情况。

5）在电力工业中的应用

电力工业中的设备大都处在强电磁场中，如高压开关温度的在线监测、高压变压器绕组及发电机定子等地方的温度和位移参数的实时测量，普通电类传感器无法使用。而 FBG 传感器具有高绝缘性和强抗电磁干扰的能力，因此其适合在电力行业中应用。用常规电流转换器、压电元件和光纤光栅组成的综合系统对大电流进行间接测量，电流转换器将电流转变成电压，电压变化使压电元件形变，形变大小由 FBG 传感器测量，进而实现对大电流的监控与测量。表层涂覆磁致伸缩材料的 FBG 可测量磁场，因为在磁场作用下，FBG 表面的磁致伸缩材料将发生伸缩，使得 FBG 产生形变或位移，进而可测量磁场。

6）在医学中的应用

FBG 传感器能够通过最小限度的侵害方式对人体组织功能进行内部测量，足以避免对正常医疗过程的干扰。光纤光栅阵列温度传感器可用来测量超声波、温度和压力场，研究病变组织的超声和热性质,或遥测核磁共振机中的实际温度。另外,用定向稀释导流管方法,采用 FBG 传感器可对心脏功效进行测量;用 FBG 可以测量超声场、监视病人呼吸情况等。

　　7)在核工业中的应用

核电站是高辐射的地方,核泄漏对人类是一个极大的威胁,因此对于核电站的安全检测非常重要。由于 FBG 传感器具有耐辐射的能力,因此它可以监测核电站的反应堆建筑或外壳结构变形、蒸汽管道的应变传感以及地下核废料堆中的应变和温度等。

6.2.4　长周期光纤光栅在传感器领域的应用

光纤布拉格光栅传感器的应用仍有一定的局限性,如灵敏度不够高、对单位应力或温度的改变所引起的波长漂移较小。此外,由于光纤布拉格光栅是反射型光栅,因而通常需用隔离器来抑制反射光对测量系统的干扰。长周期光纤光栅 LPG 是一种透射型光纤光栅,无后向反射,在传感测量系统中不需要隔离器,测量精度高。此外,与光纤布拉格光栅不同,长周期光纤光栅的周期相对较长,满足相位匹配条件的是同向传输的纤芯基模和包层模,因而长周期光纤光栅的谐振波长和幅值对外界的变化非常敏感,具有比光纤布拉格光栅更好的温度、应变、弯曲、扭曲、横向负载、浓度和折射率灵敏度。因此,长周期光纤光栅在光纤传感领域具有比光纤布拉格光栅传感器更多的优点和更加广泛的应用。利用长周期光纤光栅具有体积小、能埋入工程材料的优点,可以实现对工程结构的实时监测。

长周期光纤光栅的谐振波长会随着温度的变化而发生线性漂移,是一种很好的温度传感器。Davis 和 Georges 等人发现,用电弧法写入的长周期光纤光栅在高温段的温度灵敏度远远高于低温段,中间有很明显的过渡段,因此这种长周期光纤光栅适合工作于高温(1000℃)下。Liu 等人的研究结果表明,长周期光纤光栅的横向负载灵敏度比光纤布拉格光栅高两个数量级,并且谐振波长随负载线性变化,因此是很好的横向负载传感器。Patrick 和 Wan Wiggeren 等人的实验结果表明,长周期光纤光栅的谐振波长随着弯曲曲率的增大而发生线性漂移,其灵敏度具有方向性,因此可用于测量弯曲曲率。Wang 和 Ahn 等人已分别用单个和多个长周期光纤光栅级联进行扭曲实验,表明用长周期光纤光栅可实现对扭曲的直接测量。

利用长周期光纤光栅制成的化学传感器可以实现对液体折射率和浓度的实时测量。Bhatia 等人于 1996 年用温度不敏感的长周期光纤光栅实现了折射率和应力的测量。Luo 等人于 2002 年提出了基于在外表面涂有特殊塑料覆层的长周期光纤光栅的化学传感器,可以实现对相对湿度和有毒化学物质特别是对化学武器的实时监测。其原理是湿度或有毒化学物质会引起塑料涂覆层的折射率发生变化,从而改变长周期光纤光栅的模式耦合特性。这种化学传感器对相对湿度的测量范围是 0%～95%,对有毒化学物质的测量精度可达到 10^{-6} 数量级。由于长周期光纤光栅的谐振波长对光栅包层周围物质的折射率很敏感,因此谐振波长的漂移与侵入液体中的光栅长度有关。根据此原理,James 等人于 2002 年用长周期光纤光栅制成了液位传感器。长周期光纤光栅在生物传感技术领域也有着独特应用,Pilevar 等人于 2000 年用长周期光纤光栅和光纤布拉格光栅的组合制成了抗体-抗原生物传感器。

利用长周期光纤光栅有多个损耗峰的特性,可以用一个长周期光纤光栅实现对多参数的测量。Rao、Zeng 等人利用长周期光纤光栅 LPG、光纤布拉格光栅 FBG 与非本征型光纤法-珀干涉腔等其他传感器的组合实现了温度-静态应变-振动-横向负载四参数的同时测量。

Yokota 等人于 2002 年应用机械微弯法制成的长周期光纤光栅 LPG 实现了分布式压力传感。

与光纤布拉格光栅传感器一样，长周期光纤光栅传感器 LPG 也有温度、应变、折射率、弯曲等物理量之间的交叉敏感问题，从而使测量精度大大降低。因此，解决长周期光纤光栅 LPG 测量过程中的交叉敏感问题十分重要。至今人们已提出了多种解决光纤传感器应用中交叉敏感问题的方案，它们各有特点，但总体而言，均需要两种或两种以上传感器的组合才能较好地解决问题。Patrick 等人于 1996 年用长周期光纤光栅 LPG 和光纤布拉格光栅 FBG 的组合解决了温度和应变之间的交叉敏感问题，实现了对温度和应变的同时测量。Bhatia 等人于 1996 年用温度不敏感的长周期光纤光栅实现了折射率和应力的测量，解决了温度、应变、折射率之间的交叉敏感问题。

6.2.5　光纤光栅折射率传感技术

在 FBG 中，模式的耦合发生在正、反向传输的芯层导模中。由于芯层导模的绝大部分能量限制在光纤芯层中，在光纤外的渐逝波场很小，因此共振波长几乎不受外界折射率的影响。为了能将 FBG 应用于折射率测量或者提高灵敏度，就必须设法加大光纤外的渐逝波场，使渐逝波场与外部介质的相互作用加强。办法之一是通过腐蚀一部分或全部光纤包层，以提高外界折射率的灵敏度。Pereira 等用两个 FBG 来实现温度和应变的同时测量，其中腐蚀后的 FBG 对折射率测量的灵敏度为 7.3 nm/riu。Chryssis 等人将光纤直径腐蚀到 3.4 μm，得到了高灵敏度渐逝场 FBG 传感器，其中最大灵敏度达到了 1394 nm/riu。另外，Schroeder 等人提出用侧面抛磨 FBG 的方法使 FBG 对外界折射率敏感，在抛磨后的 FBG 上覆盖一层高折射率的涂覆层可大大提高低折射率范围的灵敏度。

1. FBG 折射率传感原理

在 FBG 中布拉格反射波长 λ_B 由下式给出：

$$\Delta\lambda_B = 2n_{\text{eff}}\Lambda \tag{6-3}$$

式中：Λ 为光栅周期；n_{eff} 为芯层导模的有效折射率。在普通的光纤中，因为芯层导模的能量集中在纤芯中，所以有效折射率 n_{eff} 实际上与包层外的外界折射率无关。然而，当光栅所在区域的光纤包层直径小到一定程度而使芯层导模的渐逝波能量能够直接与外界环境相互作用时，芯层导模的有效折射率就会直接受到外界环境折射率的影响，从而引起 Bragg 波长的移动。通过监测 Bragg 波长的移动，就可以知道外界折射率的变化情况，这就是 FBG 折射率传感器的原理，如图 6-6 所示。从式(6-3)可以看出，FBG 对外界折射率传感的灵敏度依赖于导模有效折射率的变化大小。

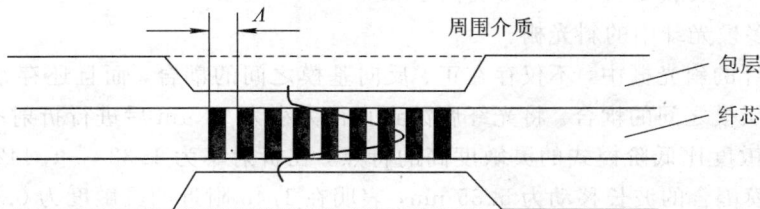

图 6-6　FBG 折射率传感原理示意图

2. 光纤光栅折射率传感器的应用

在光纤光栅折射率传感器中，光栅间渐逝波(Evanescent Wave)相互作用导致光栅中心波长随折射率变化变化。为此，人们提出了应用不同光纤光栅来实现折射率的传感，并提出了许多方法或手段来提高测量灵敏度，如腐蚀或侧面抛磨的 FBG、LPG、闪耀光栅、LPG、FBG 构成的 FFPI 以及 LPG 构成的 M-Z 干涉仪等。下面对这些方法分别进行简单介绍。

1) FBG 方案

在利用 FBG 进行折射率传感时，要使芯层导模的渐逝波场能延伸到外部介质中，必须通过腐蚀或侧面抛磨处理等方法使芯层导模通过其渐逝波能够直接感受到外部介质。

（1）腐蚀普通的 FBG。

Asseh 等最早提出用腐蚀光纤包层的方法可以实现折射率测量，理论计算出当外界折射率非常接近包层折射率时，其灵敏度可达到 4600 nm/riu。Pereira 等用双 FBG 来实现温度和应变的同时测量，其中腐蚀后的 FBG 对折射率测量的灵敏度为 7.3 nm/riu。后来，Iadicicco 等将 FBG 的光纤包层几乎全腐蚀掉，在 1.45 和 1.33 附近的分辨率分别为 10^{-5} 和 10^{-4}。而 Chryssis 等人将光纤直径腐蚀到 3.4 μm，得到了高灵敏度渐逝场 FBG 传感器，其最大灵敏度达到了 1394 nm/riu，这是到目前为止报道的 FBG 折射率传感的最高灵敏度。

（2）结构化的 FBG 腐蚀。

最近，Iadicicco 等人又提出了一种微结构 FBG。将 FBG 中间的一小段光纤包层腐蚀掉，它的光谱特性会随外界折射率的变化而变化，当直径被腐蚀到 10.5 μm 时，可以得到 4×10^{-5} 的折射率测量分辨率。W. Liang 等提出了用 FBG 构造的全光纤 F-P 干涉仪结构，具有更窄的干涉条纹，便于波长测量，腐蚀两个 FBG 中间的那段光纤到半径大小为 1.5 μm，可以测到 4×10^{-5} 的折射微小变化。

（3）抛磨 FBG。

K. Schroeder 等人提出将 FBG 的侧面用抛磨的办法去掉部分光纤包层，中间最薄部分的包层厚度大约为 0.5 μm。用此 FBG 实现外界折射率测量时，再采用一个没有抛磨的 FBG 作参考测量，1 pm 的波长移动量对应折射率变化为 10^{-3}（$n_A=1\sim1.3$）到 2×10^{-5}（$n_A=1.44\sim1.46$）之间。为提高较低折射率范围内的灵敏度，他们提出在侧面抛磨的 FBG 上涂覆一层高折射率的覆盖层，试验中用 0.25 μm 厚、折射率为 1.68 的覆盖层，$n_A=1.33\sim1.37$，使分辨率灵敏度从 10^{-3} riu 提高了 2.5×10^{-5} riu。

（4）腐蚀多模光纤中的斜光栅。

在多模光纤的斜光栅中，不仅存在正、反向基模之间的耦合，而且还存在基模与反向传播的高阶芯层模之间的耦合。将光纤腐蚀到直径大小为 12 μm 后进行折射率测量，利用高阶模式的灵敏度比低阶模式的灵敏度高的特点，在折射率为 1.333~1.442 的测量范围内，对应的基模耦合的波长移动为 5.35 nm，表明在 1.43 附近的灵敏度为 0.23 nm/riu。

（5）腐蚀 D 型光纤上的 FBG。

K. Zhou 等利用写在 D 型光纤上的 FBG 进行折射率测量，不腐蚀时几乎对折射率不够敏感，而通过腐蚀后其灵敏度达到 0.02 nm/%（%为蔗糖浓度单位），换算成以折射率变化的灵敏度为 11 nm/riu。

（6）单模光纤上的斜光栅。

G. Laffont 等将斜光栅写入单模光纤中，激发了芯层模与反向传输的包层模间耦合，而包层模能够通过其渐逝场感知外界折射率的变化，当折射率变化时，透射光谱中的上下包络都会发生变化，据此他们提出了一种利用透射谱包络计算折射率的方法。它的分辨率和重复性优于 10^{-4} nm/riu，但不需腐蚀或抛磨，因此有较好的机械强度。

在这些 FBG 折射率的测量方案中，除了单模光纤斜光栅外，其余都需腐蚀或抛磨处理，大大降低了光纤的机械性能。

2）LPG 方案

LPG 的耦合机制与 FBG 不同，耦合发生在芯层导模与同向传输的包层模之间，因包层内的渐逝场分布延伸到了包层外的介质中，如图 6-7 所示。这决定了 LPG 本质上对外界折射率非常敏感，尤其是当外界折射率接近包层折射率时更加敏感。所以，直接用 LPG 可以实现折射率的测量及用于化学浓度的指示等。为分析 LPG 对高于包层折射率时的外界折射率响应情况，R. Hou 等建立了分析模型。LPG 对外界折射率的灵敏度与光栅周期以及包层模阶数密切相关，所以 LPG 用于折射率传感时，从光栅设计的角度出发，可以通过设计光栅周期及合适的包层模阶数来获得最优的灵敏度。另一方面，为进一步提高折射率传感的灵敏度，人们提出了高折射率材料涂覆、拉锥、腐蚀等方法，以及用两个 LPG 构成的 M-Z 干涉仪进行折射率测量等方法。下面分别介绍这些方法。

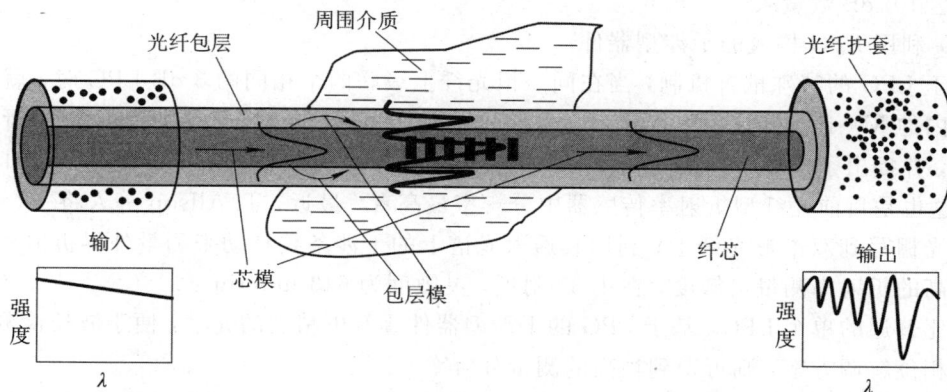

图 6-7 LPG 折射率传感示意图

（1）在 LPG 上镀上高折射率材料。

N. D. Rees 等用 L-B 镀膜技术将二十三碳烯酸（$C_{23}H_{44}O_2$，折射率为 1.57）镀到 LPG 上，引起的共振波长的变化与镀膜厚度有关。

I. D. Villar 等用静电自组装技术将聚合物材料（PDDA$^+$/PolyR-47$^-$）镀到 LPG 上，实验观察到涂覆层达到一定厚度时，其中的一个包层模将在涂覆层中传导。针对具体的外界折射率范围，通过优化涂覆层的折射率及厚度，可大大提高对外界折射率的灵敏度。如外界折射率变化范围为 1～1.1，没有涂覆处理的 LPG 的三、四、五阶包层模对应的共振波长移动量分别只有 0.01 nm、0.03 和 0.05 nm，而镀了 278.5 nm 厚（三阶包层模的优化厚度）的涂覆层（PDDA$^+$/PolyS-119$^-$，折射率为 1.67）后，相应的波长移动量分别增加到了

4.63nm、9.33 nm 和 8.34 nm。

(2) 腐蚀光纤包层可以提高 LPG 的灵敏度。

利用 HF 酸腐蚀光纤包层可以调节 LPG 的共振波长向长波长方向移动，而且包层减小后的 LPG 对外界折射率的灵敏度可以大幅度提高。相比其他的光纤处理工艺，HF 酸腐蚀光纤包层是一种成本低、易控制的工艺方法。K. W. Chung 等将写有 LPG 的光纤直径腐蚀到 35 μm 后，利用其最低阶包层模的共振波长进行测量，在 1～1.43 的折射率范围内，波长移动量为 34 nm，而对应未腐蚀的 LPG，其波长移动只有 8 nm。他们从理论上测量，如果利用三阶包层模耦合，则包层直径腐蚀到 35 μm 的 LPG 的波长移动可达 225 nm。X. Chen 等人将 LPG 写在 D 型光纤上，其折射率灵敏度比普通 SMF 上的 LPG 要高，对 D 型光纤腐蚀后，更进一步提高了外界折射率的灵敏度。

(3) 多模光纤中的 LPG。

在多模光纤的 LPG 中，因芯层模式数量很多，导致几乎在所有波长上都存在芯层模和包层模之间的耦合，所以波长与折射率的依赖关系就无法分辨。但是，输出光功率随着折射率的变化而变化，而且周期较短的 LPG 对外界折射率的灵敏度较高。

基于渐逝波吸收的原理，可用多模光纤 LPG 对具有一定渐逝波吸收作用的化学样品进行浓度测量，如水溶液中铬离子浓度、氨气浓度、亚甲基蓝(MB)染料液浓度等。S. T. Lee 等人测量不同 MB 燃料浓度的实验结果表明，多模光纤上 10 mm 长的 LPG 的灵敏度与 100 mm 长的传统渐逝波光纤传感器相当，最小的可探测浓度达 10 mol/L，而且动态范围宽，达 10^4 dB 数量级。

(4) 利用 LPG 构成的干涉型器件。

由于 LPG 的特殊耦合机制，当在同一根光纤上级联两个相同的 3 dB LPG 时，就构成了光纤内的 M - Z 干涉仪。T. Allsop 等人将这种基于 LPG 的 M - Z 干涉仪应用于折射率的测量，并提出了这种干涉仪的相位解调方案，其可探测的最小折射率变化达到了 1.8×10^{-6}，这也是目前光纤型折射率传感器中分辨率最高者。最近，T. Allsop 等人将一个长周期光纤光栅写到双锥形光纤上，利用其透射光谱上的干涉条纹移动来测量外界折射率，得到了较高的折射率测量灵敏度，在 1.33 附近，灵敏度为 643 nm/riu。

相比普通的单个 LPG，基于 LPG 的干涉型器件具有更精细的光谱，便于波长检测。如果采用相位解调方案，则可得到很高的测量分辨率。

另外，在利用光纤光栅进行折射率传感的同时，不可避免地存在温度同时敏感的问题，为了使光纤光栅折射率传感技术更实用化，必须解决交叉敏感问题。其中一个解决办法是实现折射率/温度的同时测量，另一种办法是用温度补偿的折射率测量方案。到目前为止，已经提出许多的解决方案。

6.2.6 传光型波长调制光纤传感器

传光型波长调制光纤传感器主要是利用传感探头的光谱特性随外界物理量的变化而变化的性质来进行测量的，其中的光纤只是传光元件，不是敏感元件。它是一种广义的、非功能型的光纤传感器。

1. 波长调制机理

传光型波长调制光纤传感器在波长(颜色)调制光纤探头中，光纤只是简单地作为导光用，即把入射光送往测量区，而将返回的调制光送往分析器。波长(颜色)调制探头的基本部件如图 6-8 所示。

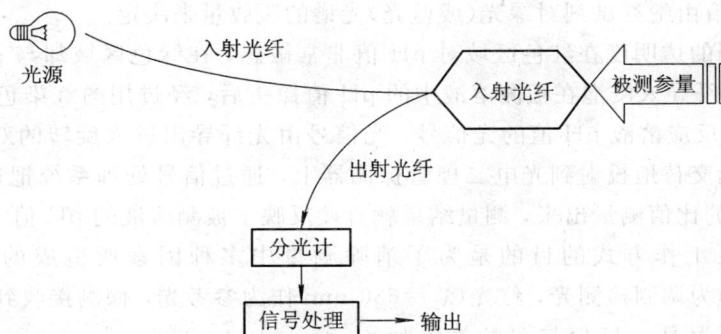

图 6-8   波长调制传感器探头的主要结构

光波长(颜色)探测技术的关键是光源和频谱分析器的性能决定传感系统的稳定性和分辨率。大多数波长调制系统中，光源采用白炽灯或汞弧灯。由于光源、分光计以及光探测器的性能常常不够稳定，因此，通常测取两个或多个波长的光强信号进行比值运算，以补偿系统误差。

光纤波长调制技术主要应用于医学、化学等领域，例如，对于人体血液的分析、pH 值检测、指示剂溶液浓度的化学分析、磷光和荧光现象分析、黑体辐射分析、Fabry - Perot 滤光器等。

2. 光纤 pH 值传感器

1) 基本原理

光纤 pH 值传感器是利用化学指示剂测量被测溶液的 pH 值。图 6-9 为光纤 pH 值探头的一种典型结构。探头是一个可渗透的薄膜容器，容器内装入直径为 $5\sim10~\mu m$ 的聚丙酸酯小球，用指示剂(例如酚红)将小球染色。

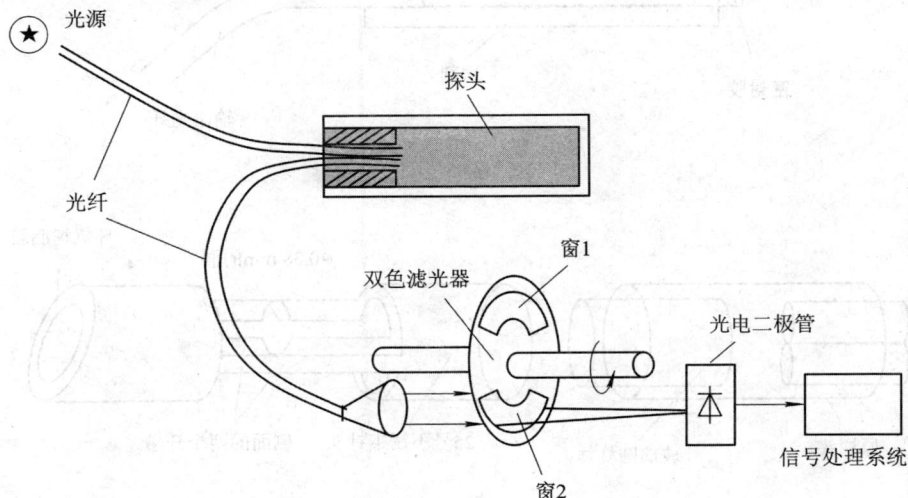

图 6-9   光纤 pH 值传感器的典型结构图

酚红染料试剂是一种可逆的具有两种互变状态的指示剂。两种状态为基本状态和酸化状态，每一种状态有不同的光吸收谱线。基本状态是对绿色光谱吸收，酸化状态是对蓝色光谱吸收。pH 值由酚红试剂对绿光（或蓝光）光谱的吸收量来决定。

由于指示剂的透明度在红色区域对 pH 值非常敏感，在绿色区域却与 pH 值无关，所以，当白光由光纤导入浸泡在被测溶液中的 pH 值探头后，经过用酚红染色的聚丙酸酯小球的散射，得到反应溶液 pH 值的光信号。光信号由光纤导出进入旋转的双色滤光器，从而使红光和绿光交替地投射到光电二极管探测器上，通过信号处理系统把这两种颜色（波长）的光强信号的比值测量出来，测量结果就直接反映了被测溶液的 pH 值。

采用双波长工作方式的目的是为了消除测量中多种因素所造成的误差。取绿光（$\lambda_1 = 558$ nm）作为调制检测光，红光（$\lambda_2 = 630$ nm）作为参考光，探测接收到的绿光与红光强度的吸收比值为 R，pH 值与 R 的关系为

$$R = k \cdot 10^{(c/L + 10 - \Delta)} \tag{6-4}$$

式中：k、c 为常数；L 为试剂长度；$\Delta = \text{pH} - \text{pK}$，其中 pH 是酸碱度，pK 是酸碱平衡常数。

上述的光纤 pH 值探头要求光源和光探测器有足够的温度稳定性，以保证测量的准确度。这种探头可用于测量血液的 pH 值，且 pH 值在 7～7.4 的范围内具有 0.01 的分辨率。可以看出，采用不同的化学指示剂，即可测量不同 pH 值范围的溶液。

2）探头与系统设计

以光纤和染料为基础的 pH 值传感器的探头结构如图 6-10(a)所示。两根直径为 0.15 mm 的塑料光纤，并排插入具有渗透膜的套管中。套管内装有试剂，光纤与试剂接触，探头前部用胶密封，以避免染料试剂与待测物混合。试剂的成分是一种聚丙烯酰胺的酚红和作为散射光用的聚苯乙烯颗粒的混合物。对光有吸收作用的只是酚红，颗粒状的聚丙烯

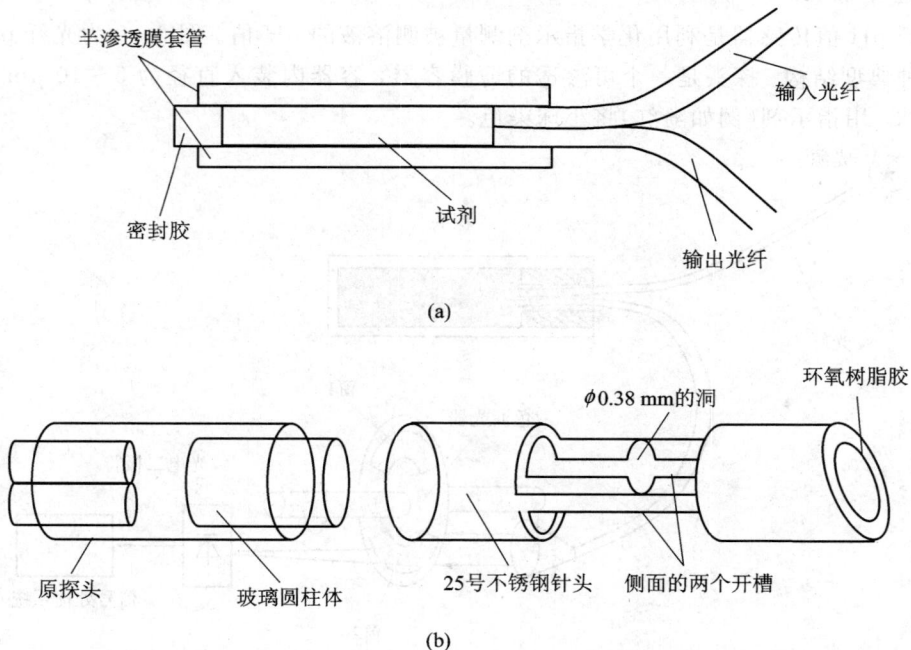

图 6-10　pH 值传感器的探头结构

酰胺是作为酚红的支撑物，以固定酚红的位置。聚苯乙烯颗粒能散射光，使光与酚红充分接触，产生较强的吸收作用，提供检测的灵敏度。在实验中发现，这种结构的探头存在一些问题：一是探头很柔软，极易损坏；二是很难无损地插入类似跳动的心脏的机体中；三是当试剂相对于光纤的端面产生运动时（如插入动作），会引起探头的响应速度变慢，分辨率下降。为了克服上述问题，改进了探头的结构，如图 6 - 10(b)所示。

用于生物体内测量 pH 值的改进后的探头是将原探头整体装在一个 25 号不锈钢针头（外径 0.5 mm）内，在靠近试剂位置处的不锈钢针头上，对称地分两个槽，在槽的中心处，沿着与轴线垂直的方向，有直径为 0.38 mm 的孔，钢针的头部用环氧树脂密封。这种探头很容易安全地插入机体内，且本身不易损坏，响应速度也从原来的 90 s 提高到 30 s。

还可以用一个端面起反光作用的铝蒸汽镀膜的玻璃圆柱体，胶封在套管前部，这样使试剂的长度从 2～4 mm 减少到 0.12 mm；单反射回的光强也减小了一半，即降低了调制度。因此在使用中，要合理地选择试剂的长度，以达到最佳的信噪比和分辨率。此检测装置的信噪比为 50 dB，在 7～7.4 pH 的生理范围内，检测精度为±0.01 pH 单位。

图 6 - 11 是同时可测量五个点的医用 pH 值监测系统的框图。光源是 100 W 的石英卤素灯。双色滤光器（滤波轮）交替地将红光和绿光选出，然后输入光探测器。接收端采用的是 RCAPF1039 型光电倍增管，采用高集成度电源供电。信号处理由微机系统完成。有 5 个 D/A 转换通道，每个通道分别对应一个探头。当每个通道分别经脉冲信号触发后（+1 V 为绿光触发信号，−1 V 为红光触发信号），开始采样 40 次平均，得到一个数值；将绿光光强和红光光强相比得到一个比值，每 10 个比值进行一次平均，获得一个数据；通过公式(6 - 4)即可计算出 pH 值。5 个通道的信号处理过程是相同的，一组 5 个 pH 值的信号处理过程只需要 5 s，如果减少采样点，可将处理速度提高到 1 s。经过实际应用，证明这种 pH 值检测装置使用方便，安全可靠，很适合于生物体的 pH 值检测。

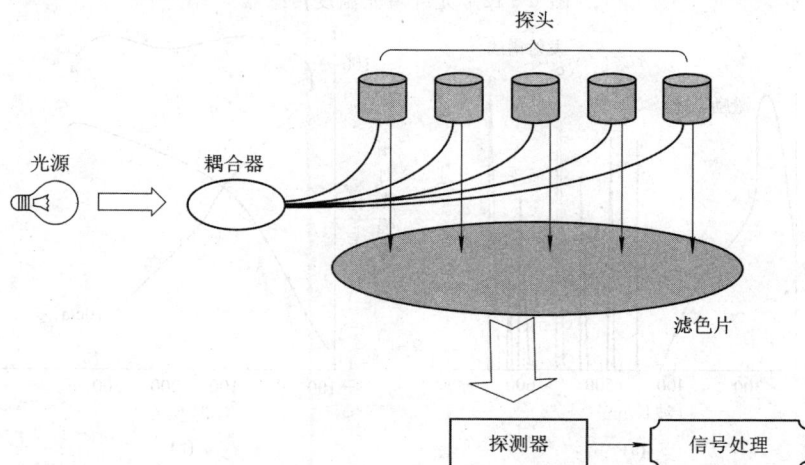

图 6 - 11　5 点 pH 值检测系统框图

3. 光纤磷光传感器

图 6 - 12 是利用磷光现象制成的光纤温度探测系统。这个系统是基于稀土磷光体的磷光光谱随温度变化而变化的原理工作的。磷光体经紫外光照射后，会发射与温度有关的光

谱,如图 6-13(a)所示。光谱中,红色"a"谱线的强度随温度升高而增加,而绿色"c"谱线的强度随温度升高而降低。两者的比值是温度的单值函数,由于这两条谱线被照射谱中的相同部分激励,因而它们的比值与激励光谱基本无关。

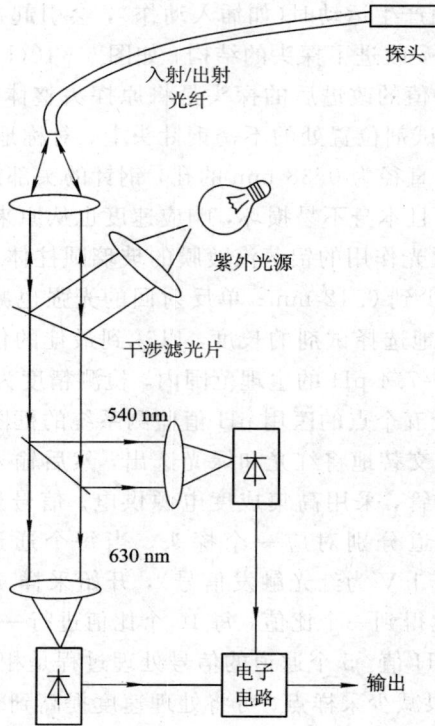

图 6-12 光纤磷光温度传感器

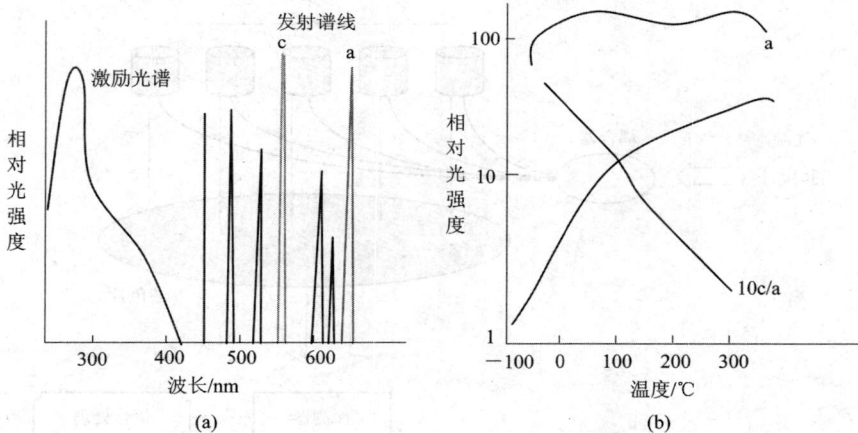

(a)

(b)

图 6-13 系统磷光体的磷光谱

利用图 6-12 所示的光学装置能有效地测量并计算出上述比值。图中采用干涉滤光片来进行光谱分析。这里采用多个中心响应波长不同的光电二极管进行检测,因此,还需校正两者的差动漂移。在图示的系统中,通过合适的信号处理和采用秒级的信号积分时间之后,可得到 0.1℃ 的分辨率,准确度为 1℃。

两个光电二极管的敏感波长不同，一个对波长为 540 nm 的光敏感，另一个对波长为 630 nm 的光敏感。经光电二极管转换成电信号，再进行信号处理，图 6 - 13(b) 为所得到的相对光强与温度变化的特性曲线。经校正可以得到输出相对光强与温度呈线性关系。

6.2.7　波长调制型光纤传感器在智能材料及结构中的应用

1. 简介

现代航空、航天及其他工业的迅速发展，对材料和结构提出了越来越高的要求。除了传统的对材料强度的基本要求以外，同时还希望材料具有自我"检测"的功能，以获得材料及结构的整体性、环境条件等信息，确定系统的运行情况、可靠性乃至剩余寿命。有的还提出构件应具有"自我控制"(如结构振动及噪声的抑制)的功能，以提高系统的安全性，降低某些构件对环境的噪声污染。随着各领域对材料和结构所提出的各种高性能的要求，智能材料与结构的概念也相应产生了。

在智能材料和结构的制造过程中，将传感器元件、致动元件、信息处理与控制单元埋入其中，传感器元件感受结构状态(如应力、应变、温度、损伤程度等)等变化，且将这些物理量转变成电信号；致动元件在外加电信号作用下，产生应变与位移变化，对原结构起驱动作用，使整体结构改变自身的状态和特性，实现自适应功能；信息处理与控制单元是智能材料与结构的关键部分，其对来自传感器单元的各种信号进行实时处理，对结构进行判断，根据判断结果输出控制信号，来控制致动元件。这种结构具有一定的"智能"功能，称为智能结构(Smart Structures)。目前智能结构的传感元件主要集中于应用传感技术对结构的一些状态参数进行测量。由于结构尺寸大小不一(几米到几千米)，材料构成(如金属、纤维加强复合材料、钢筋混泥土等)及应用场合(如航空航天、土木建筑、潜艇、汽车等工业)也不同，因此需要的传感器种类、性能也各异。对传感器的要求除了高精度、低成本等常规要求外，智能结构对传感器提出了许多特殊的要求，主要是：

(1) 微型化：以保证传感器的埋入不会影响材料的性能(或影响很小)。

(2) 高可靠：确保智能材料在整个"服役期"能正常有效地运行。

(3) 网络化：以实现多路复用或空间分布式测量，使传感系统获取较大空间范围内的传感信息。

波长调制型光纤传感器具有技术成熟、体积小、损耗低、灵敏度高、抗电磁干扰、电绝缘性好等优点，可同时作为传感元件和传输媒介，并能实现多点或分布式传感，因而是最适用于智能结构的传感技术，其中技术成熟性是最大优点。

2. 可用于智能结构的光纤传感器

目前用于智能结构的光纤传感器有以下几种。

(1) 波长调制型光纤传感器。用于智能结构的波长调制型光纤传感器主要有 Fabry - Perot 结构波长调制型光纤传感器和光纤 Bragg 传感器等。其特点是技术成熟，传感尺寸小，比结构尺寸小很多，只局限于检测一个很小截面内的某一参量的值。

(2) 积分式传感器。这种传感器可用于测量一定范围内某一参量的平均值。例如：光纤干涉仪(Mach - Zehnder 干涉仪、Michelson 干涉仪等)可用于测量光纤长度范围内应变或温度的平均值。用单根高双折射光纤构成的光纤偏振干涉仪也属于积分式传感器，可用于智能结构中测应变、温度等。

（3）分布式传感器。分布式传感器是可沿空间位置连续给某一参量测量值的传感器，可给出大空间范围内某一参量沿构件空间位置的连接分布值。其主要特征参量是空间分辨率和灵敏度。对于智能结构这是一种十分重要的传感器，目前有利用非线性光学效应构成的分布式光纤温度传感器、利用高双折射光纤构成的分布式光纤压力传感器等。

（4）光纤传感器的复用。由多个点式传感器及（或）多个积分式传感器和（或）多个分布式传感器构成的一个复杂的传感系统，称为复用传感系统或传感器的复用。这类传感器最大的优点是可以利用现有的光纤局域网技术，把多个传感技术连成一个复杂的传感网络，对于构件进行大范围多点、多参量测量，以满足智能结构的不同需要。另外，由于传感器的复用，诸多传感探头可共用一个或几个光源、光探测器和二次仪表，这样，一方面简化了传感系统，提高了可靠性，另一方面又大大降低了成本，这正是智能结构所要求的。

3. 光纤传感器用于智能结构的一些问题

为保证光纤传感器在智能结构中能合理、有效地应用，还应研究以下问题。

（1）光纤传感系统与智能结构的兼容。为尽量减少光纤传感系统埋入结构后对原有结构的影响，对光纤传感器的要求是：

① 尽量减小埋入对原有结构各种性能（主要是机械性能）的干扰。

② 尽量保持原有的传感性能。

③ 输出的传感信息尽可能真实地反映被测位置的被监测量。

（2）光纤传感器智能结构中的分布。光纤埋入构件中时，传感探头的取向与传感性能有关，对具体结构要具体分析。

（3）光纤传感器在智能结构中应用的工艺研究。

① 传感器所用光纤材料的性质。

② 传感探头的尺寸和性质。

③ 传感探头和传输光纤在结构中的相对位置。

④ 传感探头和传输光纤的寿命。

要研究和发展智能材料及结构，主要应考虑上述兼容性问题。要研究有效的光纤保护材料，以防止光纤传感器受环境（如潮湿、酸碱的腐蚀等）的侵蚀，防止光纤接口部位的机械损伤。要研究如何有效地获取传感信息，其中包括有效地区分传感信息和干扰信号。研究如何确定光纤传感器系统的运行状态，智能结构中预留备用光纤传感器和备用光纤等等。

习　题

（1）简述波长调制原理。

（2）比较 FBG 与 LPG 各自的优缺点。

（3）引起光纤损耗的因素有哪些？如何减小光纤中的损耗？

（4）简述 FBG 的用途及注意事项。

（5）简述 LPG 的用途及注意事项。

（6）简述智能材料与结构中采用光纤传感器的要求。

学习情境七

非功能型光纤传感器补偿原理与技术

7.1　学习目标

★ 掌握光路补偿方法；
★ 掌握光源的补偿方法；
★ 掌握无源器件的影响及补偿；
★ 了解调制器光学特性变化的影响及补偿；
★ 了解光电探测器的补偿；
★ 了解光纤传感探头的若干补偿措施。

7.2　学习内容

7.2.1　引言

强度调制型传感器是光纤传感器中最成熟、最基本的一种，其结构简单，设计和制造比较方便，能达到足够的精度，在光纤传感技术中占有十分重要的地位。但这种调制方式对光源、光纤以及其他系统元件存在的特性变化也是非常敏感的，光信号通道中被传递的光强很容易发生变化，引起较大的误差。因此，在组成光纤传感器时必须考虑这些问题，应采取相应的措施来消除存在的不稳定因素。

非功能型强度调制光纤传感器中，造成光强变化而导致较大信号误差的原因有如下几个：

（1）光源方面：

① 电源不稳定导致的光源输出功率的起伏；

② 发光器件老化导致的输出光功率的变化；

③ 半导体发光器件受环境温度影响导致光强变化及中心波长偏移。

（2）光路方面：

① 光纤弯曲所带来的损耗变化；

② 机械扰动引起的随机微弯损耗变化；

③ 环境温度变化导致的光纤本征损耗的变化。

（3）无源器件方面：

① 连接器的插入损耗；

② 光纤耦合器、分路器等耦合系数的变化；

③ 光纤及光纤接头对模式的选择性损耗。

（4）光调制器方面：

① 光功能晶体受到环境温度变化的影响；

② 光学元器件材料受外界环境的影响；

③ 反射（透射）型光纤传感器中反射（透射）率的变化。

（5）光探测器方面：

① 环境温度变化引起的探测灵敏度漂移；

② 器件老化引起的探测灵敏度下降。

（6）机械部件方面：

① 重复性疲劳导致的机械迟滞特性变化；

② 热膨胀带来的机械特性及尺度参数的改变。

由于上述诸多因素的存在，使得这种光纤传感器的精度较差，其上限精度只能达到 5%～10%。因此，用于模拟量测量时，在精度和稳定性要求较高的情况下，需采用适当的强度补偿方法，避免上述不稳定因素带来的影响，以实现具有实用价值的高可靠性和高稳定性的强度型光纤传感器。按上述情况来划分各种不稳定因素并进行讨论，只是为了叙述方便，各种补偿方法有时互为相关，相互渗透，如补偿式反射型光纤传感器，既可以视为对光源的补偿，也可以划分为对调制器光学特性（反射率）的补偿。因而，这种划分不是绝对的。

下面针对各种不稳定因素，讨论并给出相应的实用补偿技术和方法；在讨论各种补偿技术的过程中，还给出了若干精巧的补偿实例，并对各种补偿机理进行了简略的分析。

7.2.2　光源的补偿方法

在强度调制型光纤传感器的各种不稳定因素中，光源强度的变化是导致测量误差的最主要原因。所采用的稳定措施大体上有如下几种：① 稳定光源的方法；② 使用双光源；③ 双光纤探测中的共用光源补偿方法。在光纤传感器的设计中，应视对光源的要求而选择适当方法，下面依次讨论之。

光源的不稳定直接导致整个传感器输出的不稳定，过去人们往往采用稳定光源电压或电流的方法，但这种方法对由环境温度变化和光源老化所导致的光强变化稳定效果欠佳，因而现多采用光强负反馈稳定方法。

1) 白炽光源和气体光源的光强负反馈方法

对于白炽光源或气体光源，由于光源的发光面积较大，因而可采用双光纤接收方法或用 Y 型分路器（当分器的分光比对光源稳定性影响可以忽略不计时），如图 7-1 所示。光纤 A 作为传感器的光源光纤，而光纤 B 则直接反馈至光电二极管 PIN 上，经放大后与基准电压相比较，相减后的电压提供给光源发光器件作为工作电压（或电流），这样就组成了负反馈环路，进而实现了光强负反馈。

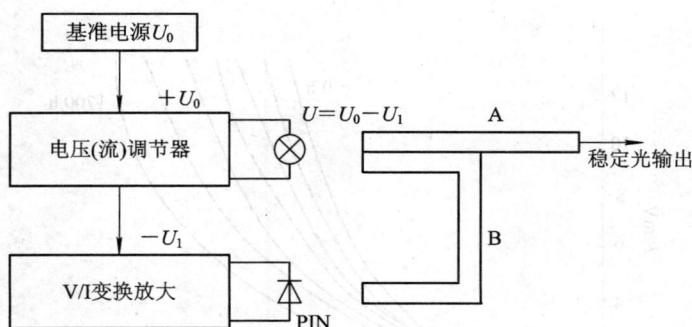

图 7-1 负反馈式白炽(气体)光源稳定原理图

上述负反馈稳定过程简要分析如下：

光功率 $P(\downarrow)(\uparrow)\rightarrow$ PD 放大电路输出 $U_1\downarrow(\uparrow)$

光功率 $P(\uparrow)(\downarrow)\leftarrow$ 光源驱动电压 $(U_0-U_1)=U\uparrow(\downarrow)\leftarrow$

2) 半导体光源的温度特性及老化特性

半导体光源器件主要有发光二极管(LED)和激光器(LD)两大类，当然，它们都还有短波长、长波长等不同的波长种类以及各种结构类型。一般而言，LED 具有每摄氏度-1％的负温度系数，在温度范围 0℃～+70℃可能引起约 2 dB 的光功率变化，如图 7-2 所示。

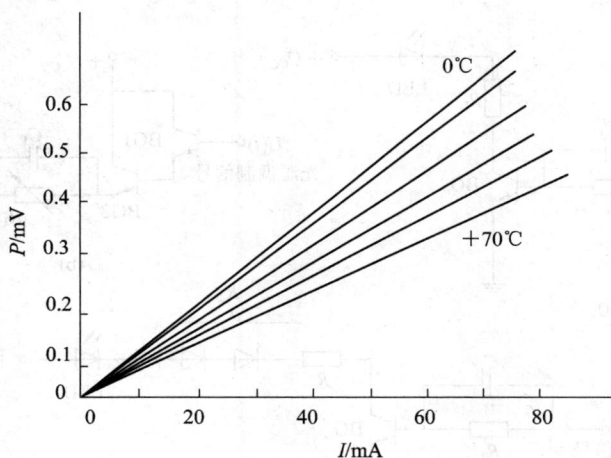

图 7-2 LED 输出光功率随温度变化的典型特性曲线

除了受温度影响外，半导体发光元件随着使用时间的增长，其光电转换效率将逐步降低。图 7-3 给出了典型的 LD 寿命试验时测出的 $P-I$ 特性曲线，每隔 100～200 小时测一条曲线，最后一条曲线为约 1700 小时测定的。由此可以看出，在实用化的光纤传感器中，当使用半导体发光元件作光源时，必须采用某种光功率稳定措施。

3) 半导体光源的温度补偿及光强度负反馈补偿方法

为了使半导体发光元件的输出光功率较为稳定，须在光源驱动电路中采用温度补偿措施。对于 LED，当环境温度上升时，应增大 LED 的驱动电流，使其输出光功率维持不变或变化较小。图 7-4 给出了几种用 LED 作发光元件的温度补偿方法。

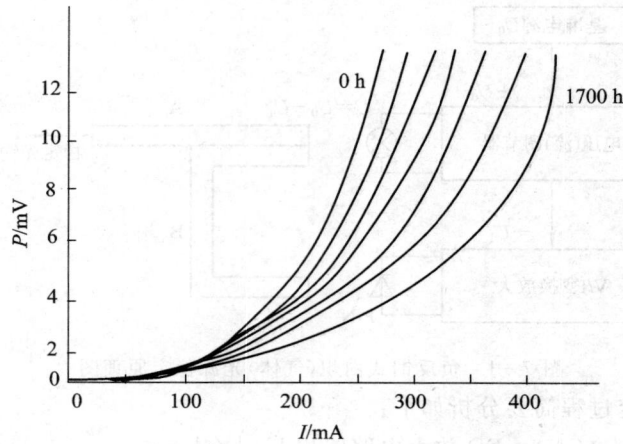

图 7-3　LD 随使用时间 $P-I$ 特性变化的典型曲线

对于图 7-4(a)中的串联驱动器，由于晶体管导通电压 U_{cc} 有约 $-2.5/℃$ 的负温度系数，因而该电路就自动起到了补偿作用。在图 7-4(b)中，选用了具有负温度系数的热敏电阻，这样当温度上升时，R_t 减小，从而使 LED 的驱动电流增大。在图 7-4(c)中，选用几个硅 P-N 结与电阻串联来代替图 7-4(a)的 R_L，因为硅 P-N 结的负温度系数可起到补偿作用，而且补偿量还可以方便地通过调整 P-N 结的个数来确定。

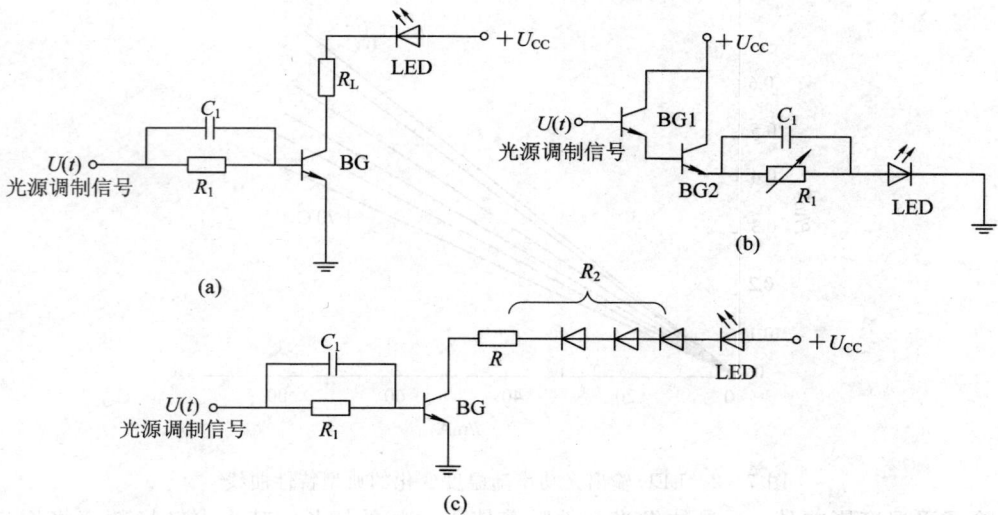

图 7-4　半导体光源 LED 的温度补偿原理

由于半导体发光器件的老化也将导致输出光功率的变化，因此对于长时间稳定性要求较高的光纤传感系统，仅作温度补偿是不够的，这就需要负反馈方法，即利用光电二极管 PD 检测 LED 发出的光，变成电信号去控制驱动电流，使 LED 发出的光功率恒定。这种方法不仅可以对温度变化引起的光功率变化进行补偿，而且对于其它原因如 LED 老化等因素引起的光功率变化也可以进行补偿。这种光功率的监测及稳定控制在 LD 驱动电路中更为重要。图 7-5 给出了典型的 LED 和 LD 负反馈式光功率变化的补偿电路原理图。

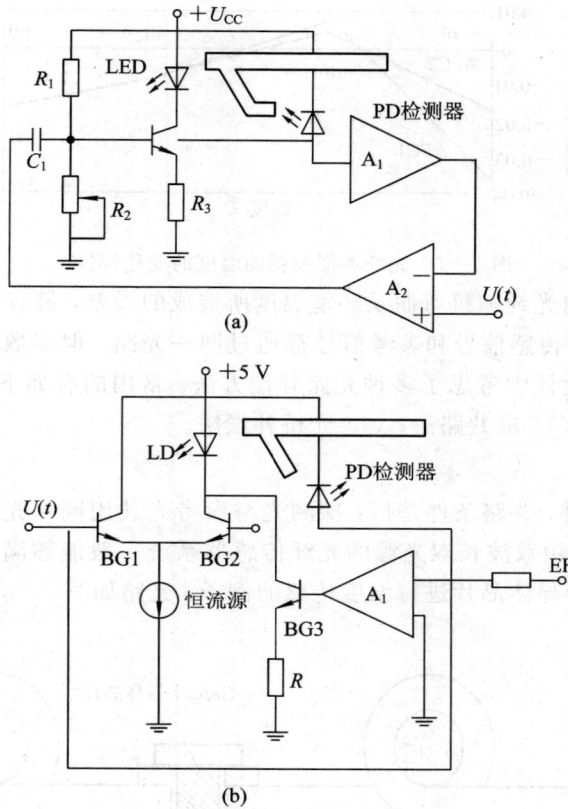

图 7-5　反馈补偿式 LED、LD 驱动电路原理

7.2.3　光路补偿方法

在非功能式强度调制型光纤传感器中，由光路所带来的信号误差主要是由链路中光纤的弯曲损耗所造成的，而由环境变化所引起的光纤本征损耗的变化则相对较小。

图 7-6 和图 7-7 分别给出了标准渐变折射率剖面多模通信光纤（50/125/250，AFC1 和 AFC2 涂覆层，AFC 表示抗摩擦涂覆层）的微弯损耗特性曲线和本征损耗随温度变化的特性曲线。对于芯径大于 50 μm 的多模光纤或阶跃型折射率剖面多模光纤来说，相应的损耗则更大。

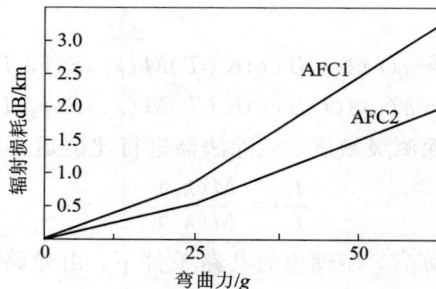

图 7-6　光纤弯曲损耗特性

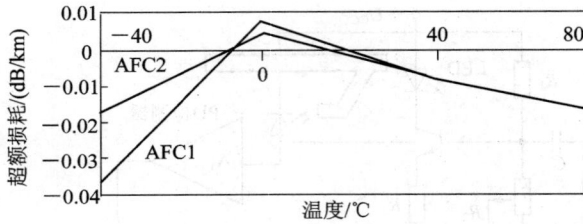

图 7-7 光纤本征损耗随温度的变化特性

要消除传感器中由光纤随机弯曲及环境温度所造成的误差，最有效的方法就是使所有传输信号都"共路"，即传感信号和参考信号都通过同一光路。但多数情况下，很难实现全部共路，因而在光路设计中考虑了多种光路补偿方法。常用的有如下几种：（1）共路补偿法；（2）脉冲延迟法；（3）准共路法；（4）光桥补偿法。

1）共路补偿法

从严格的意义上讲，共路条件是指：探测光与参考光共用同一光路；两信号共用同一探测接收器。通常，使用双波长双光源的光纤传感器系统一般能够满足共路的要求。如前面列举的利用 GaAs 半导体晶片进行温度传感的例子，光路如图 7-8 所示，恰好满足共路的条件。

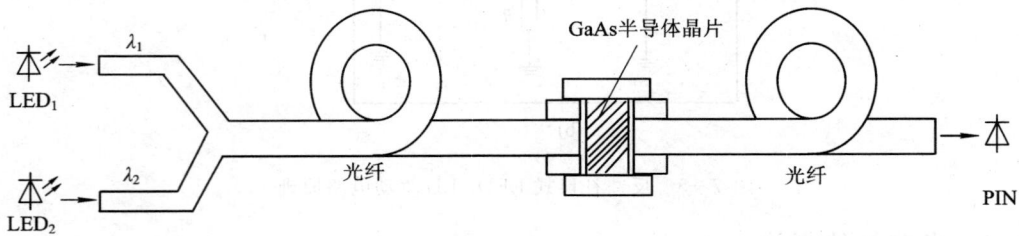

图 7-8 实现光路"共路"的光纤温度传感器

对于整个光路，由于光源到 Y 型分路器的光纤很短而且在仪表内部，可以忽略这小段的影响。光路的主要变化是由 Y 型分路器的出射端到 GaAs 半导体晶片以及后者至光探测器之间的光纤受随机干扰和环境温度变化造成的。由于调制器对 λ_1 及 λ_2 的光的透射率是不同的，可以用 $M(\lambda_1)$ 和 $M(\lambda_2)$ 来表示，而 Y 型分路器的衰减损耗、与传感单元的连接损耗、光纤微弯损耗及环境温度变化所导致的本征损耗变化时对 λ_1 和 λ_2 来说，是共性同值的，分别用衰减系数 $\alpha(t)$、$\beta(t)$、$B(t)$、$K(t)$ 来表征。于是，光探测器接收到的两波长光信号为

$$I_1 = \alpha(t)\beta(t)B(t)K(T)M(\lambda_1)S(t, T) \tag{7-1}$$

$$I_2 = \alpha(t)\beta(t)B(t)K(T)M(\lambda_2)S(t, T) \tag{7-2}$$

式中 $S(t, T)$ 为光探测器的探测灵敏度。经除法器进行比值运算后，得

$$\frac{I_1}{I_2} = \frac{M(\lambda_1)}{M(\lambda_2)} \tag{7-3}$$

由此可见，经过比值运算后，在理想的共路条件下，由光路所带来的各种同性干扰的影响将完全被消除，输出值只与 GaAs 晶片的调制状态有关。由于波长 λ_1 和 λ_2 的光信号共用同一个光电探测器（PIN），因而就自动消除了 PIN 的温度和时间漂移的影响。

对于透射式调制型光纤传感器而言，只要调制器仅对双波长中的一个敏感，则均可采用上述共光路补偿的方法，如图 7-9 所示的双色光栅调制的光纤压力传感器的光路系统。同波长双光源方法一般不能实现实质性的"共路"，只是在作信号处理时，使其满足共路条件，达到与严格"共路"等价的效果。由于在作信号处理时，巧妙地把光纤链路损耗参数以及光电探测器的探测灵敏度参数都消除了，因而就得到了严格共路等价的效果，实现了共路补偿。

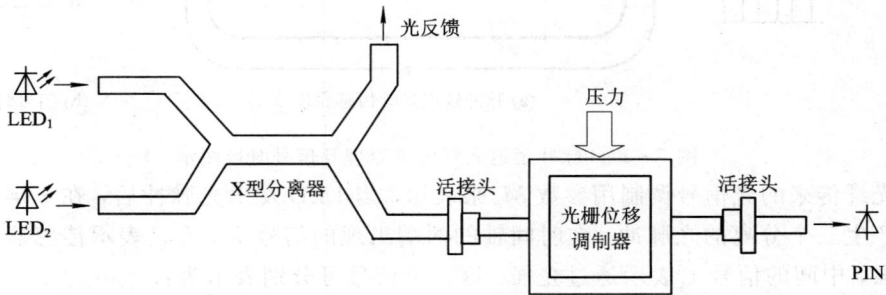

图 7-9　实现光路"共路"的双色光栅调制光纤压力传感器

2）利用脉冲延迟线实现时分共路

采用时间分割的方法也可以实现在同一条光路中分别传送探测光信号和参考光信号的目的，这需要在光路中增加一段延时光纤。Davies 给出了一个利用脉冲延迟线实现时分共路的典型例子，如图 7-10 所示。

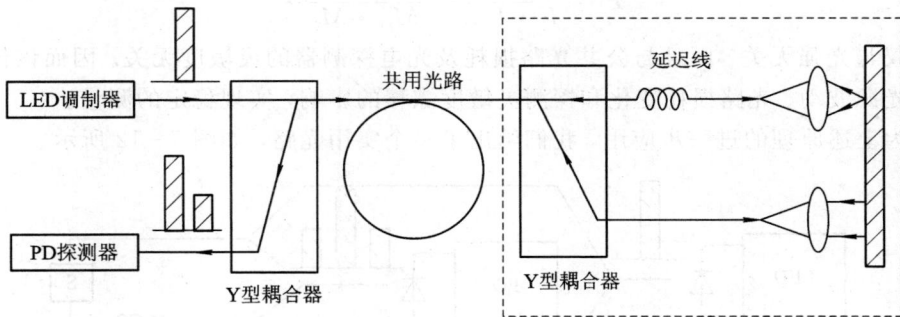

图 7-10　光脉冲延迟时分共路反射式光纤传感补偿法

图 7-10 中，LED 调制器使 LED 发出小于 100 ns 的光脉冲，经过 Y 型耦合器后进入共用光路，到达探头处的 Y 型分路器后分成两路。其中一路经过准直透镜后变成平行光束，该平行光束不受模片位移的调制，作为参考信号全部反射回来。另一路经过光纤延迟线，被模片调制后反射回去，再次经过延迟后被探测器接收。这样，LED 每发出一个光脉冲，探测器就能先后接收到两个光脉冲。当我们取被调制信号与参考信号的比值为传感器的输出时，就实现了光源、光路、光探测器灵敏度以及模片反射率等变化的自动补偿。

对于透射调制型光纤传感器而言，利用下面给出的光路可以较方便地实现时分共路传感。

一般，以光脉冲为信号载波，利用脉冲延迟的时间差产生参考信号的方法，其原理结构可用图 7-11 来表示。

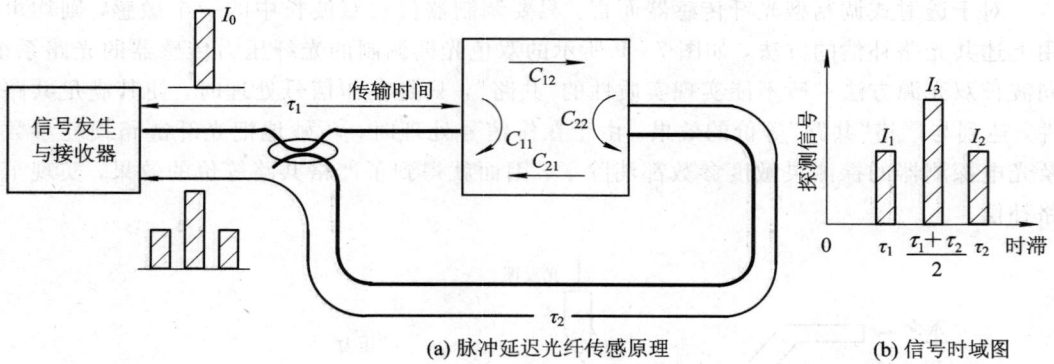

(a) 脉冲延迟光纤传感原理　　　　(b) 信号时域图

图 7-11　脉冲延迟光纤传感原理及信号时域图示

由光纤传来的光信号调制用参数 M_{ij} 来表示，当 LED 发出光脉冲后，在 $\tau_1 \neq \tau_2$ 的时间范围内产生三个分离的光脉冲。在时间轴的两端出现的信号 I_1、I_2 是表示传感器的一部分反射光强，中间的信号 I_3 表示透过光强。这三个信号可分别表示为：

$$I_1 = I_0(t)\alpha(t)M_{11}S(t, T) \tag{7-4}$$

$$I_2 = I_0(t)\alpha(t)M_{22}S(t, T) \tag{7-5}$$

$$I_3 = I_0(t)\alpha(t)M_{12}S(t, T) + I_0(t)\alpha(t)M_{21}S(t, T) \tag{7-6}$$

式中：$I_0(t)$ 为光源光强；$\alpha(t)$ 为公共光路损耗系数；$S(t, T)$ 为探测器灵敏度。

对这三个信号进行如下运算，有

$$P = \frac{I_3^2}{I_1 \cdot I_2} = \frac{(M_{12} + M_{21})^2}{M_{11} \cdot M_{22}} \tag{7-7}$$

上式不仅与光强无关，而且与公共光路损耗及光电探测器的灵敏度无关。因而该传感器可以不受光源波动、光路损耗变化和探测灵敏度漂移的影响，实现稳定的测量。

作为上述原理的进一步应用，我们给出了一个实用光路，如图 7-12 所示。

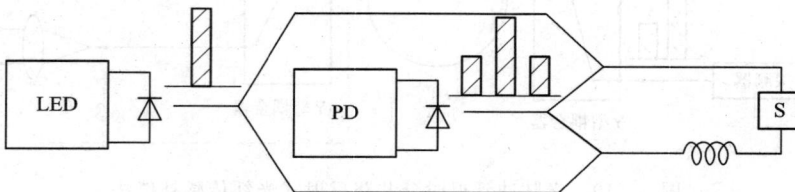

图 7-12　利用脉冲延迟线实现时分共路的光纤传感原理

当光源发出一个光脉冲后，经过 Y 型分路器分为两路光信号。其中一路首先到达调制器，经调制反射后作为第一个脉冲信号被探测器接收。另一路则先经过光纤延迟线后到达调制器，被调制反射后再次经过延迟线，经两次延迟后作为第三个脉冲信号被探测器接收。而经过调制后的两路光信号的透射部分由于被延迟线延迟一次，所经过的光路相等，因而作为第二个脉冲信号同时被光探测器所接收。

3）准共路方法

准共路方法是指在光纤传感器设计中，光信号通过不同的传送光纤进行传送，但各种光纤为同种光纤（即满足一致性条件），并一起成缆，且采用相同的光探测接收器。这样，光信号尽管不"共路",但各自的信号通道及所处的环境温度和其它条件可视为大致相同,故称其为"准共路"。采用这种方法的一个典型实例如图 7 - 13 所示。

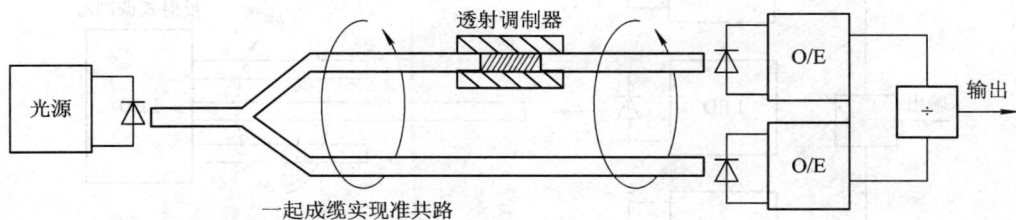

图 7 - 13 双光纤参考基准通道实现"准共路"方法

来自同一光源的光信号通过 Y 型分路器后,沿两条光路进行传输。此两光纤一起成缆,除测量光纤臂上加设了透射调制器外,其余条件和所处的环境温度都相同。于是两探测器所接收到的光信号可分别表示为:

$$I_1(t, T) = I_0(t)K_1(T)\exp_1\left(-\sum \eta_i r_i\right)MS_1(t, T) \tag{7-8}$$

$$I_2(t, T) = I_0(t)K_2(T)\exp_2\left(-\sum \eta_i r_i\right)S_2(t, T) \tag{7-9}$$

式中:$K(T)$ 代表光纤本征损耗系数;$\exp(-\sum \eta_i r_i)$ 代表光纤的弯曲损耗,r_i 代表光纤的第 i 个弯曲处的曲率半径;$S(t, T)$ 为光电探测器的探测灵敏度。

取两式相除,有

$$\frac{I_1(t, T)}{I_2(t, T)} = \frac{I_0(t)K_1(T)\exp_1\left(-\sum \eta_i r_i\right)S_1(t, T)}{I_0(t)K_2(T)\exp_2\left(-\sum \eta_i r_i\right)S_2(t, T)} \cdot M \tag{7-10}$$

当满足准共路条件时,近似的有

$$\begin{cases} K_1(T) = K_2(T) \\ \exp_1\left(-\sum \eta_i r_i\right) = \exp_2\left(-\sum \eta_i r_i\right) \\ S_1(t, T) = S_2(t, T) \end{cases} \tag{7-11}$$

于是式(7 - 10)化为

$$\frac{I_1}{I_2} = M \tag{7-12}$$

由上式看到,这种方法可以在一定程度上消除起伏和外界光路随机微弯损耗以及温度变化所带来的干扰。

当透射调制器采用半导体吸收材料 CdTe 或 GaAs 时,就构成了抗干扰性能较好的光纤温度传感器。

准共路方法也是反射式光纤传感器设计中经常采用的一种方法,如在典型的三光纤反射接收式传感器中,其中的一根为光源光纤,另外两根则作为反射调制后的探测接收光纤,如图 7 - 14 所示。

如果三光纤一起成缆,则两接收光纤的弯曲损耗情况和所处的温度环境可视为相同,满足准共路条件。这样,取两接收光信号之比作为传感输出信号,不仅具有自动补偿光源光强变化和自动补偿反射体反射率变化的优点,而且由光路中环境温度变化所引起的光纤本征损耗变化以及由光纤弯曲所引起的附加损耗都可以进一步消除。因而,准共路光路补

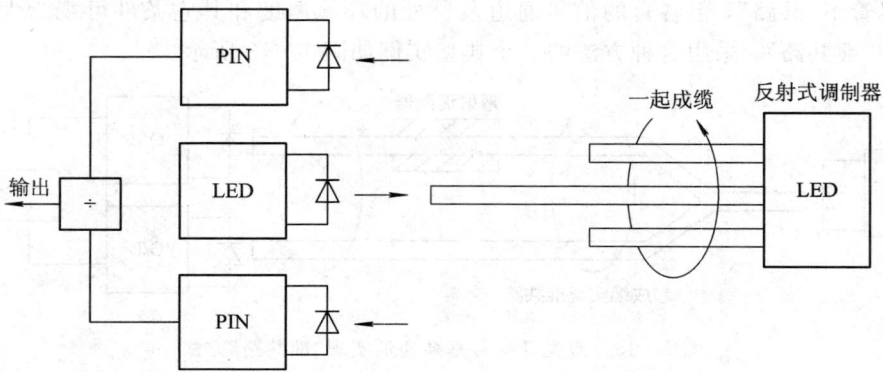

图 7-14　三光纤反射接收式传感器准共路

偿方法不失为一种有效的实用方法。

4）光桥补偿法

桥式光路补偿法中，最典型的光桥是惠斯登桥式网络。采用惠斯登光桥进行补偿时，除了能实现光路补偿外，还能对调制的特性进行补偿（如调制器的温度稳定性补偿）。其使用方式主要有双光源式和单光源式两种。图 7-15 给出了双光源惠斯登桥式补偿光路。

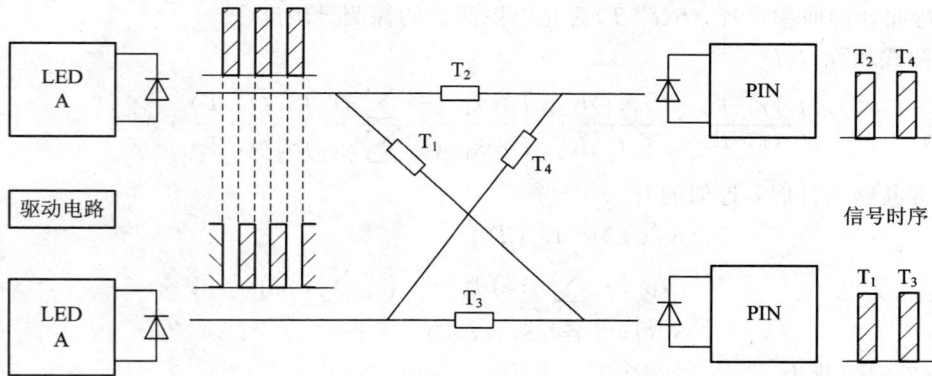

图 7-15　双光源惠斯登桥式补偿光路

图 7-15 中，光源 A、B 轮流发光，由光源 A 发出的光信号进入光桥后分别经过调制臂 T_1 和参考臂 T_2 被相应的探测器所接收。而由光源 B 发出的光信号进入光桥后则分别经过补偿臂 T_4 和参考臂 T_3，所接收到的信号时序如图所示。对这四个信号进行运算，即可消除光路和调制器的共性干扰，得到稳定的测量结果。

单光源惠斯登光桥的形式如图 7-16 所示。由单光源 LED 发出脉冲极窄的光信号，经 Y 型分路器后分成两路，一路经过光桥的补偿臂 T_4 和参考臂 T_3，首先到达两探测器；另一路则经延迟线延迟后，再进入光桥，经探测臂 T_2 和参考臂 T_1 后，为两探测器所接收。

这两种惠斯登光桥在使用上各有利弊，前者的补偿效果要受到双光源的一致程度（如光谱特性及发光强度等）的限制，而后者的补偿效果则会受到光纤延迟线光学特性变化的影响。在一些反射式光纤传感器调制方式中，3×2 光桥则提供了一种很简便的对称桥式补偿形式。图 7-17 给出了几种 3×2 光桥的应用实例。在使用过程中，由于 3×2 光桥具有对称性，因而能自动地补偿光桥本身分光比随环境温度的变化。

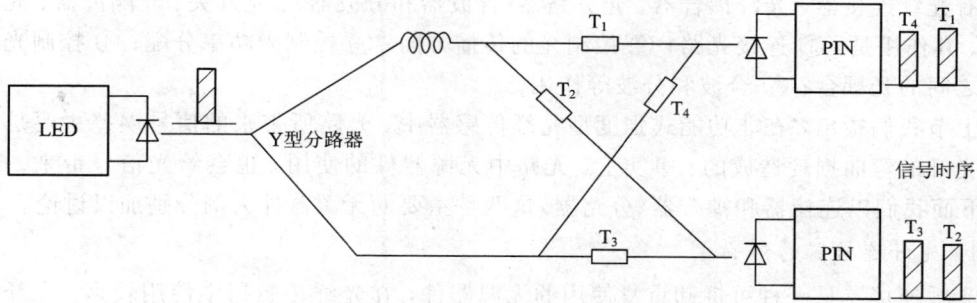

图 7-16　单光源脉冲延迟式惠斯登光桥补偿法

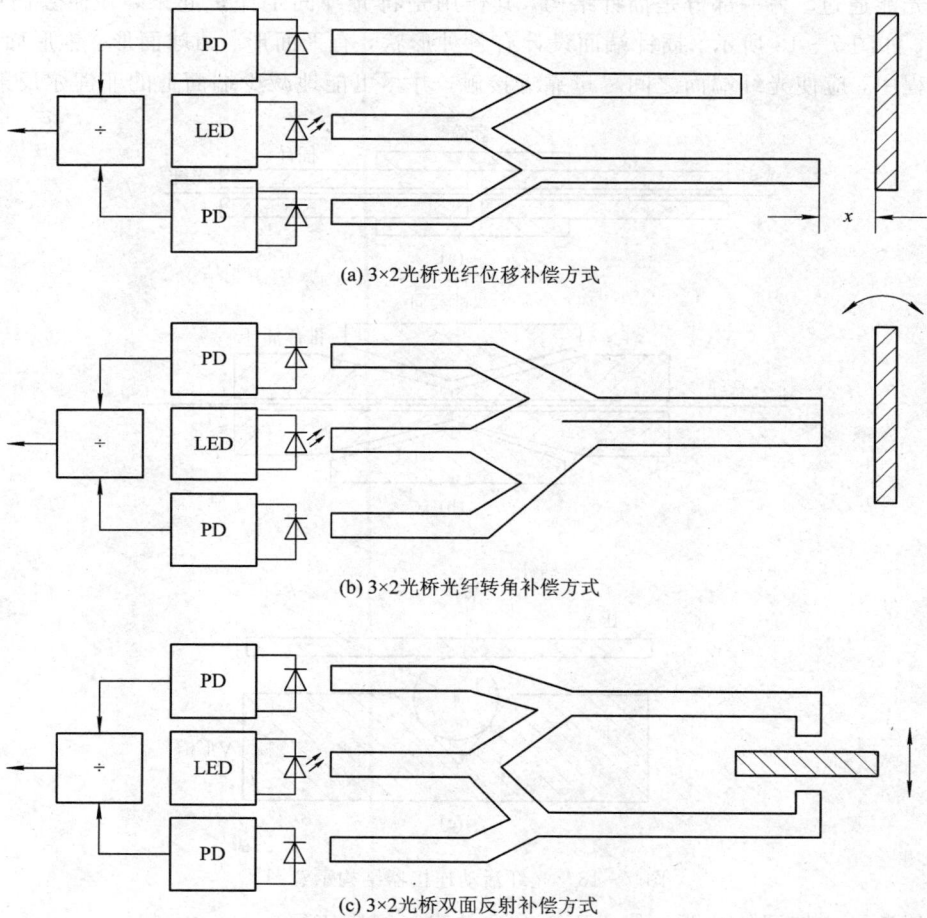

(a) 3×2光桥光纤位移补偿方式

(b) 3×2光桥光纤转角补偿方式

(c) 3×2光桥双面反射补偿方式

图 7-17　3×2光桥在反射调制型光纤传感器中的补偿作用

7.2.4　无源器件的影响及补偿

在光纤传感系统中，除了光源和光探测器件外，还常常使用一类本身不发光、不放大、不产生光电转换的光学器件，称为无源器件。无源器件是能量消耗型光学器件，其种类繁多，功能各异，在光纤传感器系统中是一种使用性很强的不可缺少的器件。最主要的无源器件有光纤连接器、光纤耦合器、光分路器(合波器和分波器)、光开关、光隔离器、光滤波器等。其作用是：① 连接光路；② 控制光的传播方向；③ 控制光功率分配；④ 控制光纤与器件之间的光耦合；⑤ 合波和分波等作用。

上节我们指出，在非功能式强度型光纤传感器中，光路所带来的信号误差主要是由链路中光纤的弯曲损耗造成的。事实上，光路中无源器件的使用，也会给光信号带来一些影响。下面我们以连接器和耦合器(分路器)这两种主要的无源器件为例分别加以讨论。

1) 光纤连接器的影响

光纤连接器是一种可拆卸重复使用的无源器件，在光纤传感器中使用较多。光纤连接器主要由两部分组成。一部分是对中结构，以保证光路或光纤尽可能完全对准，保证绝大部分的光能通过。另一部分是插针结构，其作用是将光纤固定保护起来，并使套筒中的光纤对准，如图 7 - 18 所示。插针端面设计有各种形状，有平面形、凸球面形、锥形面等。在使用过程中，应使光纤端面之间尽量靠近接触，并尽可能地减少端面上的菲涅尔反射。

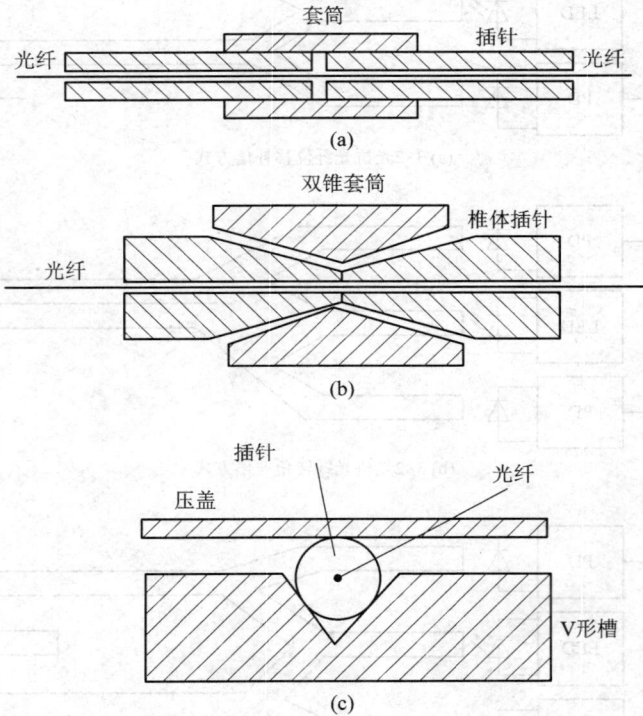

图 7 - 18　光纤活动连接器结构示意图

光纤活动连接器的主要性能由下面几个技术指标来表征：

① 插入损耗，也称附加损耗，一般在 0.5 dB 以下；

② 重复性，即每插拔一次或数次之后其损耗的变化情况，一般应小于 ± 0.1 dB；

③ 温度性能，指在一定温度范围内连接器的损耗变化量，一般在 $-25\,^{\circ}\!C \sim +70\,^{\circ}\!C$ 范围内损耗变化应小于或等于 0.2 dB。

此外，还有反射损耗(小于 -35 dB)、寿命等指标。

光纤活动连接器产生损耗的主要原因有两方面：一是连接技术上的原因；二是光纤参

数不一致所引起的。前者主要由轴心错位、有折角、有间隙以及端面不完整或端面沾污等造成光损耗；后者是由于光纤芯径、相对折射率差、椭圆度、外径、偏心度以及折射率分布参数等的差别所引起的。然而技术所造成的损耗往往是主要的，其中轴心错位和间隙造成的损耗占较大的比例。尤其对于反射型光纤传感器，在被反射体调制后的反射接收光信号中，高阶模占有较大的比例，而活动连接器对高阶模而言损耗相对较大。因此，光纤接头的模式选择性损耗将使传感器的灵敏度大为降低。

2）光纤分路器与耦合器的影响

光纤分路(合路)-耦合器是将光信号进行分路(合路)，对光功率进行分配的一种光纤无源器件。光分路-耦合器与光合路-耦合器实质上无区别，两者只是光信号的传播方向相反而以。

以光纤为基本材料制作的分光路(合路)-耦合器主要有两种，即结合型和熔融拉锥型。由于熔融拉锥型光纤分路(合路)-耦合器制作简便，成本低，稳定性好，因而使用较多。它是将两根(或多根)光线的涂覆层去掉，清洗干净后拧绞成麻花状，然后加热向两边拉伸而成，中间部位是哑铃状的双锥体。其工作原理如下：在双锥体的前半部，随着光纤逐渐变细，原来在光纤中传播的芯模逐渐变成包层模并向前传播。在双锥区光信号已是所有光纤"共有化"了，即发生了光耦合。在双锥体的后半部分，随着光纤逐步变粗，包层模又逐步转换成芯模，使光功率分配到各个光纤中。

光分路(合路)-耦合器的特征参数有插入损耗、分路比及方向性。插入损耗表征了耦合器总的功率衰减量，定义为

$$\alpha = -10 \lg \left[\frac{P_1 + P_2}{P_0} \right] \qquad (7-13)$$

式中：P_0 为输入端第一根光纤的输入光功率，P_1、P_2 分别为两输出端的输出光功率（如图 7-19）所示。分路比表示输出端光功率之比，定义为

$$\eta = \frac{P_1}{P_2} \left(\text{或} \frac{P_2}{P_1} \right) \qquad (7-14)$$

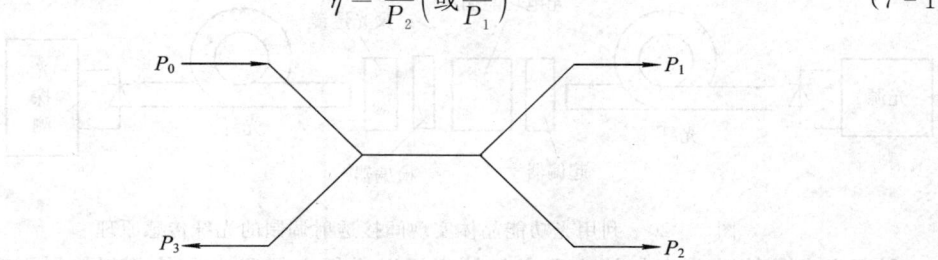

图 7-19 光纤耦合器内部光路示意图

方向性表示的是输入端主光纤传输方向与任何一根非主光纤非主传输方向上的功率比。方向性常用光隔离度来表示，定义为

$$S = -10 \lg \frac{P_3}{P_0} \qquad (7-15)$$

式中：P_3 为后向散射光功率。

由于光纤的芯、包层折射率的温度系数不完全相同，因而光纤分路(合路)器的插入损耗、分光比等耦合系数将随温度的变化而有所改变。在使用过程中，要进行温度实验，确

定温度的影响程度，以便采取相应的补偿措施。

综上所述，在光纤传感器设计中，无源器件的使用应遵循如下几条原则：

（1）尽量不用或少用，将无源器件的使用降低至最低水平。

（2）在光路中尽可能实现无源器件的共用。

（3）在难以实现无源器件共用的情况下，可采用配对的方式，对称设置，以实现大部分影响相互抵消的目的。

7.2.5 光调制器光学特性变化的影响及补偿

光调制器是非功能型光纤传感器的核心部件，起着将被测物理量的变化转换为光强变化的关键作用。因而该器件本身的稳定性将直接决定光纤传感器的检测灵敏度和测量精度。

由于作为光纤传感器的光闸（挡光屏）式调制器不存在光学特性变化问题，因此下面我们仅对非功能式光纤传感器的另外两种调制方式——透射式和反射式——进行讨论。

1）透射调制方式下光电功能晶体受温度的影响

透射调制方式可以分为直接透射调制和间接透射调制两类。前者是借助于光纤端之间简单的相对位移来实现调制的，其具体调制方式及相关补偿方法和理论分析我们已在上一节中给出，此处不再赘述。后者则是利用光电功能晶体来间接实现光强调制的。利用光电功能晶体实现光纤传感的基本方式如图 7-20 所示。传感器的工作原理为：从光源出射的光由起偏器变为平面偏振光，再入射到作为调制器的光电功能晶体上，经过光电功能晶体的调制后，为了提高探测灵敏度，依具体情况，使被调制过的光经过一固定的预偏置波片，然后经检偏器输出，这样就由相位变化转化为强度的变化。其输出光信号可表示为

$$I = I_0 M(\varphi) \tag{7-16}$$

式中 φ 表示相位。

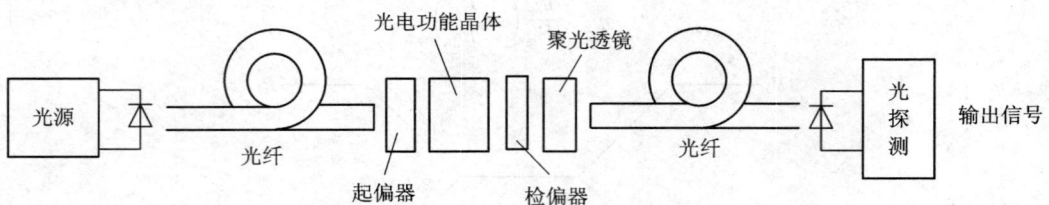

图 7-20 利用光功能晶体实现间接透射调制的光纤传感原理

利用光电晶体的普克尔效应和克尔效应可以进行电场和电压的测量；利用磁光晶体在磁场的作用下可以使穿过它的平面偏振光的偏振方向旋转的法拉第磁致旋光效应能够实现磁场和电流的测量；利用各向异性压力场引起的线性双折射光弹效应进行光调制，可构成各种光纤压力、应变传感器。

在利用光功能晶体进行非功能式强度型光纤传感器的设计过程中，要得到性能稳定的光纤传感系统，必须考虑温度对各种晶体的影响。由于在光功能晶体中，离子位移和温度有关，因而电光系数（一次电光系数对应于普克尔效应，二次电光系数对应于克尔效应）、磁致旋光效应的费尔德常数（Verdet）都是温度的函数。特别是对铁电晶体和其它具有相变性质的材料，电光系数的温度系数很大，其随温度的变化按 $(T-T_C)^{-1}$ 的比例增大。这里

T_C是表征材料相转变的特征温度，对于 KDP 晶体，$T_C \geqslant -150℃$。为了设计方便，表 7-1 和表 7-2 分别给出了一些常用材料的普克尔电光系数和克尔电光系数，而表 7-3 则给出了若干具有代表性的法拉第磁光系数。

表 7-1　普克尔电光系数

材料	点群对称性	$\lambda_0/\mu m$	$r_{\mu k}$（室温）/(10^{-12} m/V)	n	$n_0^3 r$ /(10^{-12} m/V)	$\varepsilon/\varepsilon_0$（室温）
KDP (KH_2PO_4)	— 42 m	0.633	$r_{41}=8.0$ $r_{63}=11.0$	$n_o=1.51$ $n_e=1.47$	29 34	$\varepsilon /\!/ c=21$ $\varepsilon \perp c=42$
KD⁻P (KD_2PO_4)	— 42 m	0.633	$r_{63}=24.1$	~1.50	80	$\varepsilon /\!/ c=50$ （24℃）
ADP ($NH_4H_2PO_4$)	— 42 m	0.633	$r_{41}=23.41$ $r_{63}=8.5$	$n_o=1.53$ $n_e=1.48$	95 27	$\varepsilon /\!/ c=15$
石英 (Quartz)	32	0.633	$r_{41}=0.2$ $r_{63}=0.93$	$n_o=1.54$ $n_e=1.55$	0.7 3.4	$\varepsilon /\!/ c \sim 4.3$ $\varepsilon \perp c \sim 4.3$
β-ZnS	— 43		$r_{41}=-1.6$	$n_o=2.35$	27	~12.5
GaAs	— 43	10.6	$r_{41}=1.51$	$n_o=3.3$	59	11.5
ZnTe	— 43	10.6	$r_{41}=4.04$	$n_o=2.99$	77	7.3
CdTe	— 43	10.6	$r_{41}=6.8$	$n_o=2.6$	120	7.3
LiNbO₃	3 m	0.633	$r_{33}=30.8$ $r_{13}=8.6$ $r_{22}=3.4$ $r_{51}=28$	$n_o=2.29$ $n_e=2.30$	$n_0^3 r_{33}=370$ $n_0^3 r_{13}=103$ $n_0^3 r_{22}=41$ $n_0^3 r_{51}=336$	$\varepsilon \perp c=98$ $\varepsilon /\!/ c=50$
GaP	— 43	0.633	$r_{41}=-0.97$	$n_o=3.32$	29	
LiTaO₃（30℃）	3 m	0.633	$r_{33}=30.3$ $r_{13}=7.5$	$n_o=2.176$ $n_e=2.180$	$n_0^3 r_{33}=314$	$\varepsilon /\!/ c=43$
BaTiO₃（30℃）	4 mm	0.546	$r_{33}=23$ $r_{13}=8.0$ $r_{51}=820$	$n_o=2.437$ $n_e=2.437$	$n_0^3 r_{33}=314$	$\varepsilon \perp c=4300$ $\varepsilon /\!/ c=106$
$Bi_{12}GeO_{20}$	23	0.633	$r_{41}=3.22$	$n_o=2.54$	53	
$Bi_{12}SiO_{20}$	23	0.633	$r_{41}=5.0$	$n_o=2.54$	82	

表 7-2　克尔电光系数

材料	点群	$\lambda_0/\mu m$	$S_{ev}/(10^{-18}\mathrm{m^2/V^2})$	n	温度（℃）
BaTiO$_3$ （$T_c = 120$℃）	3 m	0.633 0.500	$S_{11} - S_{12} = 2290$ $n_0^3(S_{11} - S_{12}) = 72\,000$ $n_0^3 S_{44} = 44\,000$	$n = 2.42$	$T > T_c$ $T \approx T_c$
K(Nb$_{0.37}$Ta$_{0.63}$)O$_3$ KtaO$_3$ SrTiO$_3$	3 m 3 m 3 m	0.633 0.633 0.633	$S_{11} - S_{12} = 2890$ $S_{11} - S_{12} = 10$ $S_{11} - S_{12} = 31(-126$℃$)$ $S_{44} > 500/n^3(-153$℃$)$	$n = 2.29$ $n = 2.24$ $n = 2.38$	20 -226
Pb$_{0.88}$La$_{0.08}$ $-$(Ti$_{0.35}$Zr$_{0.65}$)O$_3$ （PLZT） （$T_c = 63$℃）		0.550	$S_{33} - S_{13} = 26000/n^3$ （63℃）	$n = 2.450$	室温
KH$_2$PO$_4$ （KDP）	— 42 m	0.540	$n_0^3(S_{33} - S_{13}) = 31$ $n_0^3(S_{33} - S_{11}) = 13.5$ $n_0^3(S_{12} - S_{11}) = 8.9$ $n_0^3 S_{66} = 3.0$	$n_o = 1.51$ $n_e = 1.47$	室温
(NH$_4$)H$_2$PO$_4$ （ADP）	— 42 m	0.540	$n_0^3(S_{33} - S_{13}) = 24$ $n_0^3(S_{33} - S_{11}) = 16.5$ $n_0^3(S_{12} - S_{11}) = 5.8$ $n_0^3 S_{66} = 2$	$n_o = 1.53$ $n_e = 1.48$	室温

表 7-3　法拉第磁光系数

	材料	结晶性	费尔德常数/ （弧分/高斯·厘米）	旋光性 /(deg/mm)	波长 /μm	温度特性
逆磁性体	铅玻璃	非晶体	0.04	无	0.85	$< \pm 0.5\%$ （-25～100℃）
	As$_4$S$_1$玻璃	非晶体	0.10	无	0.9	$< \pm 1\%$ （-10～80℃）
	ZnSe	立方晶体	0.21	无	0.82	$= \pm 1\%$ （20～120℃）
	Bi$_{12}$GeO$_{20}$	立方晶体	0.188	9.5	0.85	$= \pm 1.5\%$ （25～35℃）

续表

	材料	结晶性	费尔德常数/ (弧分/高斯·厘米)	旋光性 /(deg/mm)	波长 /μm	温度特性
顺磁性体	FR-5玻璃	非晶体	0.1	无	0.85	$=\pm 8\%$ $(-25\sim85℃)$
强磁性体	YIG	立方晶体	9.0	无	1.3	$=\pm 8\%$ $(-25\sim85℃)$
	$(Tb_{0.19}Y_{0.18})_3$	立方晶体	15.6	无	1.15	$=\pm 1.5\%$ $(-20\sim120℃)$
	$(YSmLuCa)$ $(FeGe)_5O_{12}$	立方晶体		无	0.83	$<\pm 0.5\%$ $(-20\sim80℃)$

　　在光纤传感调制器的设计中，要消除温度的影响，可采用组合补偿式结构。图 7 - 21 给出了典型的 KDP 晶体和 $LiNbO_3$ 晶体横向电光调制器结构示意图。

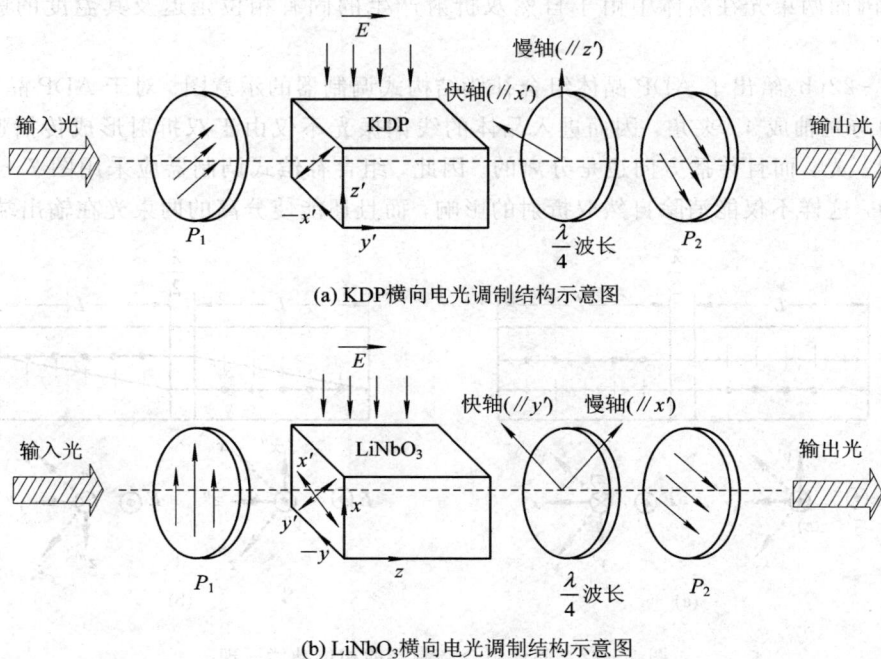

(a) KDP横向电光调制结构示意图

(b) $LiNbO_3$横向电光调制结构示意图

图 7 - 21　晶体横向电光调制结构示意图

　　对于 KDP 晶体，电场沿 z 轴，起偏器 P_1 和检偏器 P_2 的偏振方向互相正交，且与晶体 z 轴成 $45°$ 角。在横向调制情况下，透过率与相位延迟 Γ' 的关系为

$$T = I_0 \sin\left(\frac{\Gamma'}{2}\right) \tag{7-17}$$

其中,

$$\varGamma' = \frac{2\pi}{\lambda_0}\left[(n_e - n_o)L + \frac{1}{2}n_o^3 r_{\theta 3}\left(\frac{L}{d}\right)U\right] = \varGamma_0 + \varGamma \qquad (7-18)$$

式中:I_0 为入射光强度;λ_0 为单光源的波长;n_e、n_o 分别为晶体中 e 光和 o 光的折射率;L 为晶体的通光长度;$r_{\theta 3}$ 为 KDP 的光电系数;d 为电极间厚度;U 为电压。

由式(7-18)所描述的调制器工作点将处在 $\varGamma_B = \varGamma_0$ 处。由于在光路中引入了相位补偿器,因而使总延迟等于 $\pi/2$ 的整数倍。但由于折射率 n_o 和 n_e 通常均为温度的函数,且两者随温度的变化率不同,因而相位延迟偏置将随温度的变化而漂移,导致横向调制的非线性畸变。

例如,KDP 晶体双折射率差随温度 T 的变化而变化,当 $\Delta T = 1℃$ 时,KDP 晶体的双折射率差($\Delta n = n_e - n_o$)为 1.1×10^{-5},若取晶体长度 $L = 30$ mm,$\lambda_0 = 632.8$ nm,则引起的附加相位延迟差 $\Delta\varGamma((2\pi/\lambda_0) \cdot \Delta n \cdot L)$ 等于 1.1π,它比测量电压引起的相位变化还要大得多。可想而知这样的调制器根本无法使用。

为此,可采用"组合补偿结构"来消除自然双折射的影响。如图 7-22(a)所示,在两块相同的晶体之间夹一块 $\lambda/2$ 波片,适当选取两块晶体的取向,利用 $\lambda/2$ 波片的旋光作用,使第一块晶体中 o 光和 e 光的偏振方向旋转 $90°$,然后进入第二块晶体(为便于说明,图中将合在一起的 o 光和 e 光分开画出)。这样,第一块晶体中 o(e)光进入第二块晶体后变为 e(o)光,因而两束光在晶体中由于自然双折射产生的固有相位延迟及其温度的影响正好抵消。

图 7-22(b)给出了 ADP 晶体组合补偿结构式调制器的示意图。对于 ADP 晶体,由于通光方向与光轴成 $45°$ 夹角,因而进入晶体的线偏振光不仅由于双折射形成传播速度不同的 o 光和 e 光,而且传播方向也是分离的。因此,组合补偿式调制器应采用图 7-22(b)所示的结构,这样不仅能消除自然双折射的影响,而且还能使分离的两束光在输出端会合。

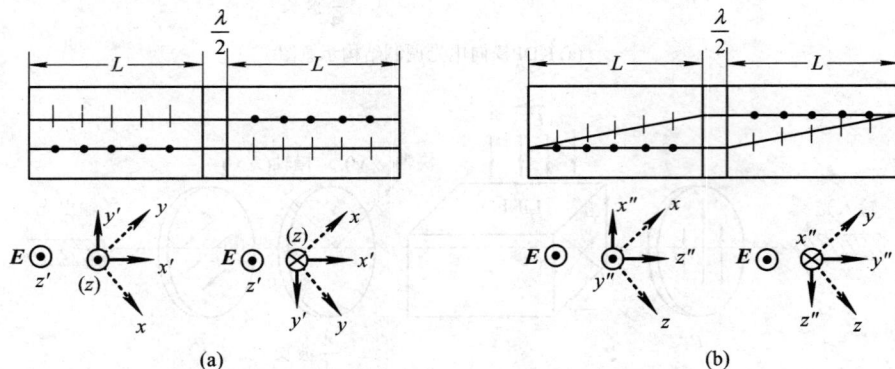

图 7-22 晶体组合调制器的相位补偿原理

2) 反射调制方式下反射体表面反射率变化的补偿

对于反射调制式光纤传感器而言,在实际使用过程中,调制器的反射体表面常常会随着使用时间的延长或受环境污染而使得反射率下降。因而,实用的反射型光纤传感器在设计中必须采用反射率补偿措施。最典型的补偿方法是采用双光纤或双光纤束来共同接收被反射体调制后的反射光信号,如图 7-23 所示。

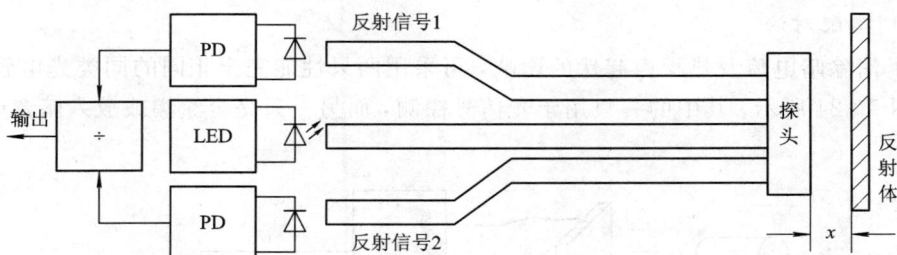

图 7-23　反射率变化补偿原理图

由接收光纤(光纤束)1 和 2 所接收到的反射光信号可分别表示为：

$$I_1 = I_0 R M_1 \tag{7-19}$$

$$I_2 = I_0 R M_2 \tag{7-20}$$

式中 R 为反射体的反射率。当取两接收信号之比作为输出时有

$$\frac{I_1}{I_2} = \frac{M_1}{M_2} \tag{7-21}$$

上式表明，传感器的最终输出信号与反射率无关，从而有效地补偿了反射率变化对传感器的影响。由于在实际使用过程中受反射面反射率变化均匀程度的影响，所以实际的补偿效果比理论预期的稍差一些。

7.2.6　光电探测器的补偿

当半导体受光照时，材料内部 PN 结中的原子吸收光子能量，并产生本征吸收，激发出电子-空穴对，进而形成反向电流即光电流，实现将光能转换为电能。各种半导体光电探测器都是利用这种光电转换效应来实现光探测的。在光纤传感器中常用的半导体光电探测器有光电二极管(PD)、PIN 光电二极管、雪崩光电二极管(APD)以及还具有放大作用的异质结光晶体管(HPT)等。

在实际使用过程中，光电二极管最常用的方式有两种：一种是零偏压下的工作方式；另一种是负偏压下的工作方式。这两种使用方式各有其特点。前者在负载很大的情况下，输出电流正比于短路电流，即正比于入射光功率。这种工作方式具有零起点的线性输出，暗电流极小，可探测较弱的光信号，其响应速度相应低一些。而后者因为在负偏压下 p-n 结的耗尽层加宽，则光生载流子数越多，灵敏度也就越高。这对长波长光波的探测尤为有利，可使探测器的光谱响应展宽；同时，由于结区的加宽使结电容减小，因而也提高了器件的响应速度。其不足之处是暗电流较大。

对于半导体光电探测器而言，影响其探测灵敏度的主要因素有三。

(1) 在光探测过程中，由于宏观的光电流是在一定的温度热平衡下得到的统计结果，因而探测光电流不仅与吸收光子数(入射光功率)的多少有关，还与所处的环境温度密切相关。

(2) 光生载流子的产生和运动是一种随机过程，因而光电转换过程中将伴随产生噪声，这就限制了期间的探测极限。

(3) 随着器件的老化，光电转换的量子效率会有所下降，从而导致探测灵敏度降低。

为提高光纤传感系统的稳定性，消除上述因素所带来的影响，可采用下面的几种方法。

1）同类配对法

为了消除暗电流及热噪声起伏的影响，可采用两只性能完全相同的同类光电管配对使用，如图 7-24 所示。其中的一只用于光信号探测，而另一只完全涂黑或放入暗盒中，仅作补偿用。

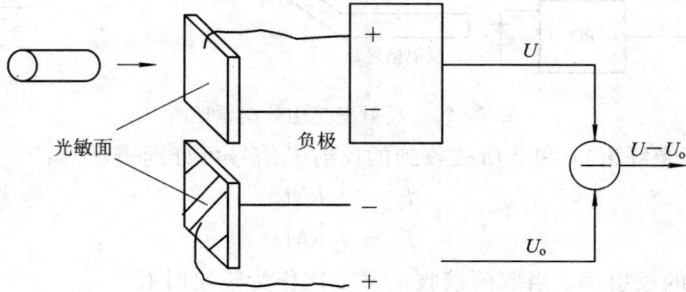

图 7-24　同类配对法

2）同基配对法

有时要选出两只性能完全相同的管子是不容易的，其一致性很难保证。为此，可选用做在同一硅片上的对称式的两个光探测器，如图 7-25 所示，这样可以确保两探测器的性能和环境相同，使补偿效果更佳。

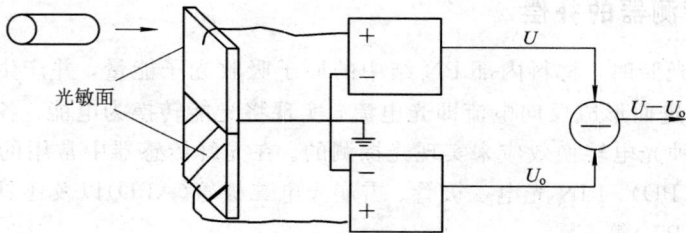

图 7-25　同基配对法

3）差动相消（除）法

对于双光路光纤传感系统而言，通常一路为传感信号，另一路为参考信号，或者两路均为探测信号，互为参考。在这种情况下，可采用做在同一基片上的对称式双探测器件，由于两探测器是由同一基片切割而成的，因而其光谱影响特性、探测灵敏度随温度漂移和随时间老化下降等特性完全相同。两路信号转换放大后进行除法运算，即可实现相应的补偿，如图 7-26 所示。

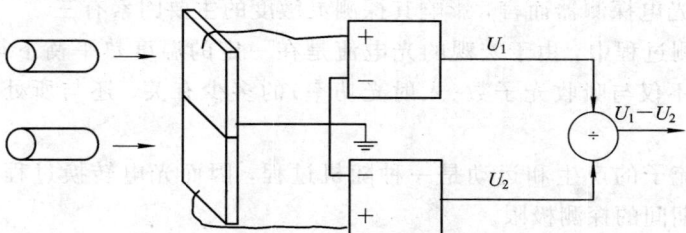

图 7-26　差动消除法

4）时分共用法与光开关切换法

要彻底消除由环境温度变化引起的探测灵敏度漂移和器件老化引起的探测灵敏度下降，最好的方法是两路光信号共用同一个光探测器，这种方法可以通过光信号进行时间分割轮流入射的形式来实现。探测信号被同一个光探测器接收并被同一个前置放大器轮流放大，其中的一路经延迟后，两路同步信号做除法运算，这样不仅可以消除由光电探测器性能变化所带来的影响，还可以进一步消除前置放大电路的某些共有不稳定因素所造成的影响，如图 7-27 所示。此外，这种方法也可以采用在光路上加光纤延迟线的方式或采用如图7-28 所示的光开关切换的方式来实现。

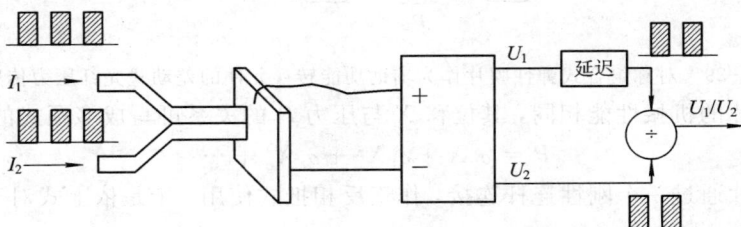

图 7-27 时分共用法

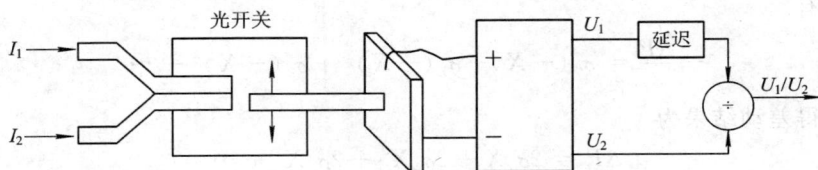

图 7-28 光开关切换式探测器公用法

7.2.7 光纤传感探头的若干补偿措施

对于非功能式强度型光纤传感器而言，多采用机械结构式光纤探头。这类探头大体上由两类部件组成。一类部件为辅助功能转换器件，如位移、压力传感器中辅助用的弹簧、压力膜片、弹性膜盒、波登管等。另一类为机械壳体。前者，一方面由于其本身的材料性能和结构特性，会存在一定的非线性；另一方面，由于转换元件机械性往复运动时存在分子内摩擦从而引起机械迟滞效应，加之环境温度的影响，使得这种机械结构辅助式光纤传感器的测量精度受到很大的限制。而后者，由于热膨胀会导致机械结构式探头的某些尺寸参数发生变化，从而给传感器的测量精度带来影响。所以，要求我们在探头的机械结构设计中采用相应的补偿方法，以使光纤传感器系统的精度和稳定性得到提高。

1）功能转换元件组合方式的补偿方法

在选用光纤传感器的辅助性功能转换器件时，为了尽量减少器件本身所固有的非线性及迟滞性影响，可采用对称的组合结构。这样，不但可以使非线性得以补偿，提高了系统的线性度，同时又使组合结构整体的迟滞性得到改善。图 7-29 给出了一个典型的对称式组合结构的应用实例。两金属弹性膜片对称设置，中间通过一刚性连杆连接，连杆中部内嵌一球形透镜，膜片承受压力后产生位移，从而推动连杆，带动球透镜移动，引起接收光纤 I_1 和 I_2 光强发生变化。测出光强变化即可测出压力。

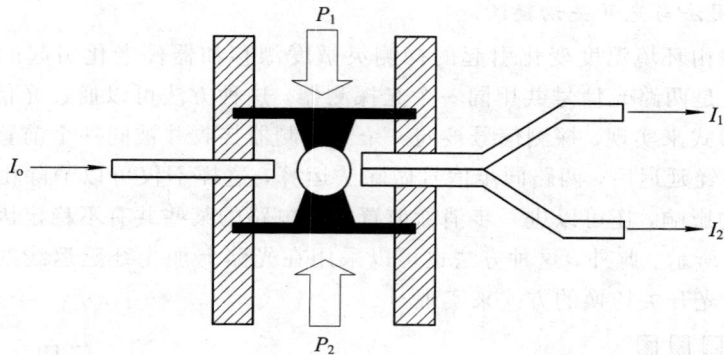

图 7-29　对称组合式弹性膜片作为辅助功能转换元件的差动式光纤压力传感器

假设两膜片的机械性能相同，其位移 X 与压力 P 的关系可写成多项式的形式：

$$P = \sigma_0 X + \sigma_1 X^2 + \sigma_2 X^3 + \cdots \qquad (7-22)$$

由于两膜片通过一个刚性连杆连接，作正反相抵式使用，于是依上式对于膜片 1 有

$$\frac{\Delta P}{2} = \sigma_0 X + \sigma_1 X^2 + \sigma_2 X^3 + \cdots \qquad (7-23)$$

对于膜片 2 有

$$-\frac{\Delta P}{2} = \sigma_0 (-X) + \sigma_1 (-X)^2 + \sigma_2 (-X)^3 + \cdots \qquad (7-24)$$

两式相减即得差动结果为

$$\Delta P = 2\sigma_0 X + 2\sigma_2 X^3 + 2\sigma_4 X^5 + \cdots \qquad (7-25)$$

式中 $\Delta P = P_2 + P_1$。由此我们可以看到在双膜片组合对称结构中，X^2 项的非线性影响相互抵消了，因而提高了整体的线性度。通常位移 X 很小，于是式(7-25)可表示为

$$\Delta P = 2\sigma_0 X + 2\sigma_2 (X)^3 \qquad (7-26)$$

在温度测量中也可采用对称组合方式来进行辅助功能转换元件的设计。图 7-30 给出的是一个用于测温的对称组合式双金属片温度变送装置。两个 U 形双金属片反转对称焊接成一体，组合后的 S 形双金属片一端焊接在测温基座上，另一端与一个反射体相连。当温度变化时，双金属片的自由移动端带动反射体做水平方向的移动，从而调制反射接收光纤中的光信号。除了作反射调制型的光纤测温外，还可以利用这种变送器进行透射式光纤温度测量。

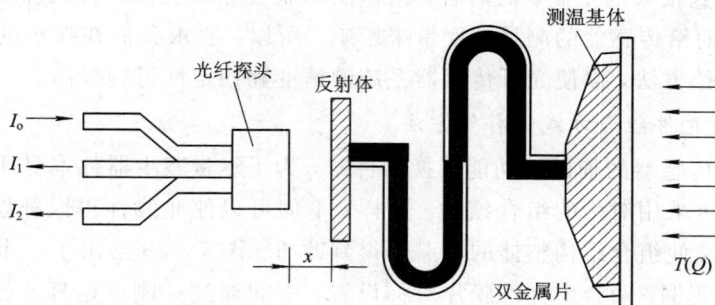

图 7-30　对称组合式双金属片温度变送器

由于这种双金属温度变送装置是由两个相同的双金属片反转对称组合而成的,因此与单一的双金属结构相比,在位移大小相同的情况下,其迟滞性会有所改善。

2）探头壳体温度热膨胀的补偿方法

在光纤传感器机械式探头的设计中,如果探头尺寸较小(cm 量级),在环境温差变化不大的情况下,一般可忽略温度热膨胀对探头的影响。当探头尺度较大时,如 10 cm 尺度的探头,在 10℃温差下,其机械热膨胀尺度即可达到 μm 量级。因而在精度要求较高的情况下,必须采取相应的补偿措施。

在图 7-31 所示的受抑全内反射位移传感器的结构中,由于两光纤斜面间隙极小,因而在使用中温度热膨胀对其影响较大。

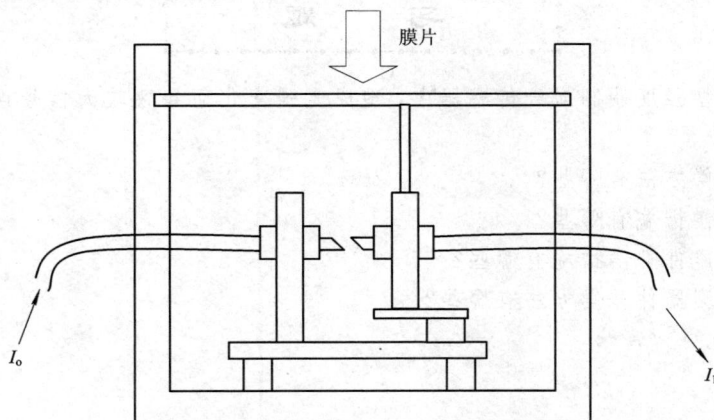

图 7-31　受抑全内反射位移传感器

为解决图 7-31 中的问题,可采用图 7-32 给出的双向差动温度热膨胀位移补偿法。

图 7-32 中的结构件 1 和 2 分别采用热膨胀系数为 α_1 和 α_2 的两种材料,在温度为 T_0 时,其长度分别为 L_{10} 和 L_{20},当温度由 T_0 变化到 T 时,有

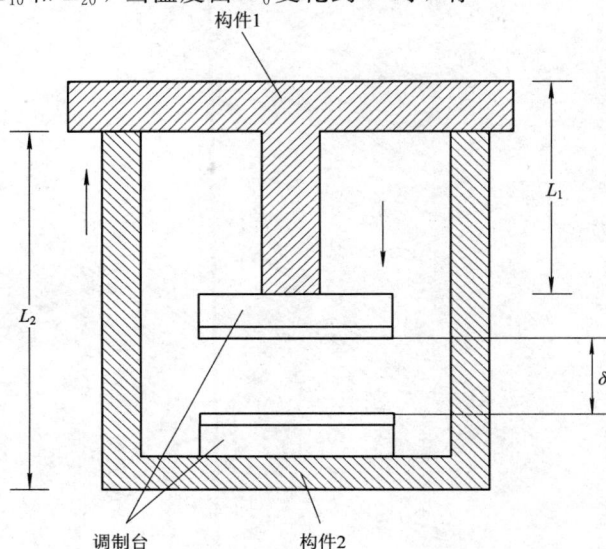

图 7-32　双向差动温度热膨胀补偿结构

$$L_1 = L_{10}[1 + \alpha_1(t - t_0)] \tag{7-27}$$

$$L_2 = L_{20}[1 + \alpha_2(t - t_0)] \tag{7-28}$$

两式相减得

$$L_2 - L_1 = (L_{20} - L_{10}) + (L_{20}\alpha_2 - L_{10}\alpha_1)(t - t_0) \tag{7-29}$$

综合选择 α_1、α_2 及长度 L_{10} 和 L_{20}，使得满足

$$L_{20}\alpha_2 = L_{10}\alpha_1 \tag{7-30}$$

就可以保持两调制工作台间隔 δ 恒定而不受温度热膨胀的影响，从而实现机械壳体温度热膨胀的补偿。

习 题

(1) 非功能型强度调制光纤传感器中，造成光强变化而导致较大信号误差的原因有哪些因素？

(2) 光源补偿方法有哪些？

(3) 光路补偿措施有哪些？

(4) 光无源器件补偿措施有哪些？

(5) 光电探测器件补偿方法有哪些？

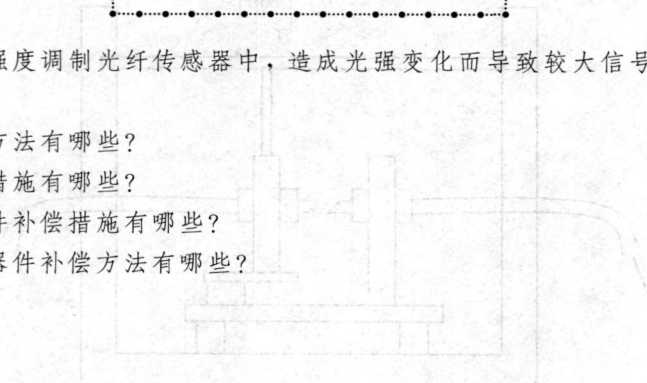